U0398000

◎主编 赵 莹 王 江

◎主审 张莉洁

CAXA 制造工程师 2016 应用教程

电子工业出版社·

Publishing House of Electronics Industry

北京·BEIJING

内 容 简 介

本书内容由认识软件界面、线框造型、曲面造型、实体造型和零件加工这 5 部分组成，包括造型方法、加工方法的选择、加工程序的生成及加工程序的上传方法等。

本书适合中等职业学校数控技术应用专业二年级学生使用，也可供数控加工中心技工转岗培训使用。

图书在版编目（CIP）数据

CAXA 制造工程师 2016 应用教程 / 赵莹，王江主编．—北京：电子工业出版社，2021.2

ISBN 978-7-121-40609-6

Ⅰ．① C… Ⅱ．①赵… ②王… Ⅲ．①数控机床—计算机辅助设计—应用软件—中等专业学校—教材

Ⅳ．① TG659

中国版本图书馆 CIP 数据核字（2021）第 033610 号

责任编辑：白　楠
印　　刷：北京捷迅佳彩印刷有限公司
装　　订：北京捷迅佳彩印刷有限公司
出版发行：电子工业出版社
　　　　　北京市海淀区万寿路 173 信箱　邮编　100036
开　　本：787×1 092　1/16　印张：9.5　字数：243.2 千字
版　　次：2021 年 2 月第 1 版
印　　次：2025 年 2 月第 5 次印刷
定　　价：35.00 元

凡所购买电子工业出版社图书有缺损问题，请向购买书店调换。若书店售缺，请与本社发行部联系，联系及邮购电话：（010）88254888，88258888。

质量投诉请发邮件至 zlts@phei.com.cn，盗版侵权举报请发邮件至 dbqq@phei.com.cn。

本书咨询联系方式：（010）88254592，bain@phei.com.cn。

前言 PREFACE

　　本书主要介绍数控技术应用专业使用的一款数控加工自动编程软件。本书是按照数控加工要求，依据岗位能力需求编写的教材。

　　本书在编写思路上采取学习过程与生产工艺流程对接的方式，介绍实体造型、加工程序的生成及在线加工，将教学案例与岗位技能鉴定相匹配，结合"1+X"的教学模式，使学生学以致用。

　　本书的实体造型和零件加工部分介绍了多种实用加工技术，加工程序真实可用，可实现软件学习与零件加工的闭环。本书采用图文并茂的全彩印方式，更加适合中等职业学校学生的特点，有利于提升学生的阅读积极性。

　　全书共 5 部分，课题一为认识软件界面，重点介绍 CAXA 制造工程师 2016 软件工作界面及常用功能键。课题二为线框造型，重点介绍线框造型工具，包括直线工具、圆工具、圆弧工具和矩形工具。课题三为曲面造型，主要介绍直纹面、旋转面、扫描面和导动面。课题四为实体造型，主要介绍拉伸增料、旋转增料、放样增料和导动增料。课题五为零件加工，通过多个案例介绍实际加工中的快速造型方法、加工方法的选择、加工刀具的选择、毛坯尺寸的确定、加工程序的生成及加工程序的机床传输方法等。书中零件尺寸单位为 mm，表面粗糙度单位为 μm。

　　本书由大连电子学校赵莹、赤峰市松山区职业技术教育培训中心王江任主编，营口技师学院马健、张莉洁，大连技师学院王永俊，大连市轻工业学校赵明、董宦、赵越参与了编写工作，录屏课由王永俊录制，王帅和马殿凯担任美术设计。

　　因编者水平有限，书中难免存在不妥之处，望广大读者批评指正。

编者

本书配套资源

目 录 CONTENTS

课题四　实体造型

课题五　零件加工

认识软件界面

一、软件工作界面介绍

CAXA 制造工程师 2016 软件工作界面主要分为 4 个区域，如图 1-1 所示。

工具条

绘图区

目录树

导航条

▶▶ 图 1-1　CAXA 制造工程师 2016 软件工作界面

1. 工具条

工具条是软件建模及加工的主要指令区域。

1）曲线工具

曲线工具是该软件的线框造型工具。

（1）曲线生成工具

曲线生成工具即绘制曲线的工具，工具图标十分形象并有文字注释，用户可轻松地找到所需工具，如图 1-2 所示。

直线　圆弧　圆　矩形　椭圆　样条　点　多边形　公式曲线　二次曲线　等距　二维等距　线圆映射　线圆包裹　投影曲线　图像矢量化　样条转圆弧　相关线

曲线生成

▶▶ 图 1-2　曲线生成工具

其中，直线、圆弧、圆、矩形是常见的曲线生成工具，如图 1-3 所示。 在使用中，可根据图纸的已知条件，选择曲线生成的方式。

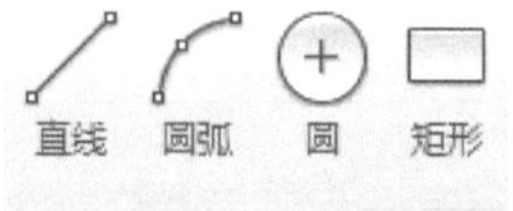

图 1-3 直线、圆弧、圆、矩形

椭圆、样条、点和多边形这 4 种曲线生成工具如图 1-4 所示，对于具有相应要求的曲线绘制，可以灵活使用。 在使用过程中，注意绘制相应曲线时应满足的条件。 例如，在绘制椭圆曲线时，必须注意长轴和短轴的尺寸，以及椭圆的方向等条件。

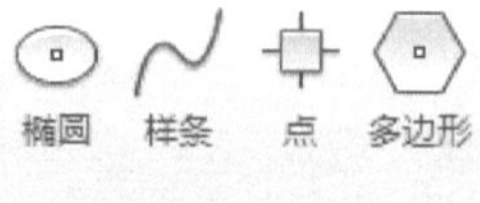

图 1-4 椭圆、样条、点和多边形

对于螺旋线等具有一定规律的曲线，可采用公式曲线、二次曲线工具，如图 1-5 所示。

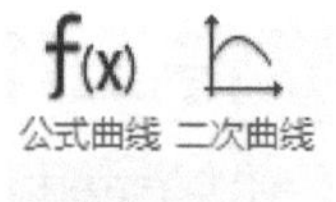

图 1-5 公式曲线、二次曲线

曲线变换工具如图 1-6 所示，有等距、二维等距、相关线等工具。

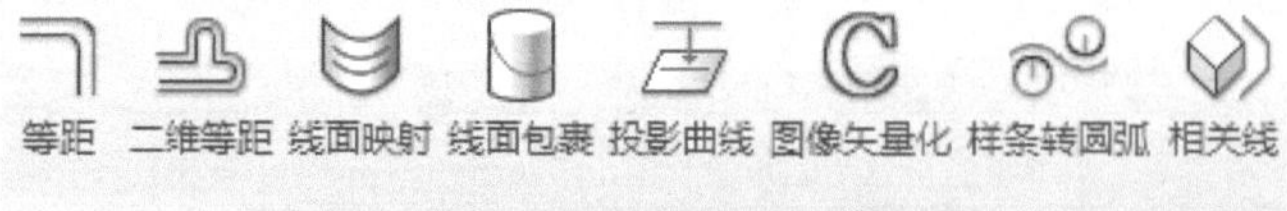

等距 二维等距 线面映射 线面包裹 投影曲线 图像矢量化 样条转圆弧 相关线

图 1-6 曲线变换工具

（2）曲线编辑工具

曲线编辑工具是指曲线裁剪、曲线过渡、曲线打断等工具，如图 1-7 所示。 这些工具在曲线造型中，可以配合曲线生成工具，完成零件图的绘制。 因此，读者不但要掌握曲线生成工具的使用方法，还要掌握曲线编辑工具的使用方法。

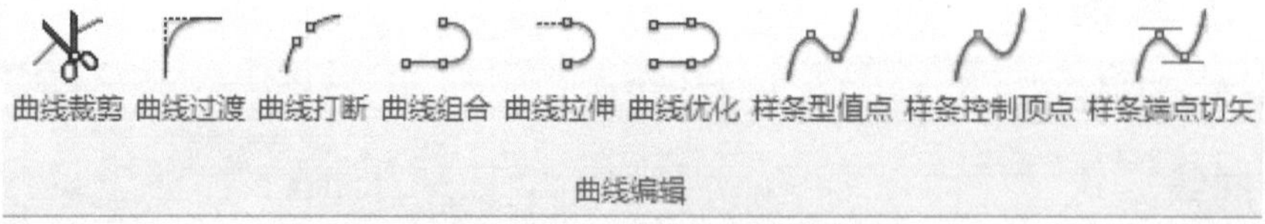

曲线裁剪 曲线过渡 曲线打断 曲线组合 曲线拉伸 曲线优化 样条型值点 样条控制顶点 样条端点切矢

曲线编辑

图 1-7 曲线编辑工具

绘制草图工具 ✎ 是进行实体造型的基础，绘制草图时注意选择生成草图的平面，也就是说，必须指出草图所在的平面。

2）曲面工具

任何一个零件都由点、线和面组成。 曲面工具同样包含曲面生成与曲面编辑工具。 其中，曲面生成工具分为规则曲面和不规则曲面生成工具。

直纹面、旋转面、扫描面、导动面和等距面如图 1-8 所示。

直纹面 旋转面 扫描面 导动面 等距面

▶▶ 图 1-8　直纹面、旋转面、扫描面、导动面和等距面

由于零件结构的需求，不规则曲面生成工具包括平面、边界面、放样面、网格面与实体表面，这些面的共同特征是在生成曲面的同时，还要完成曲面的裁剪等工作，如图 1-9 所示。

平　面　边界面　放样面　网格面　实体表面

▶▶ 图 1-9　平面、边界面、放样面、网格面与实体表面

曲面编辑工具包括曲面裁剪、曲面过渡、曲面缝合等工具，在后续的曲面造型部分会有详细介绍，如图 1-10 所示。

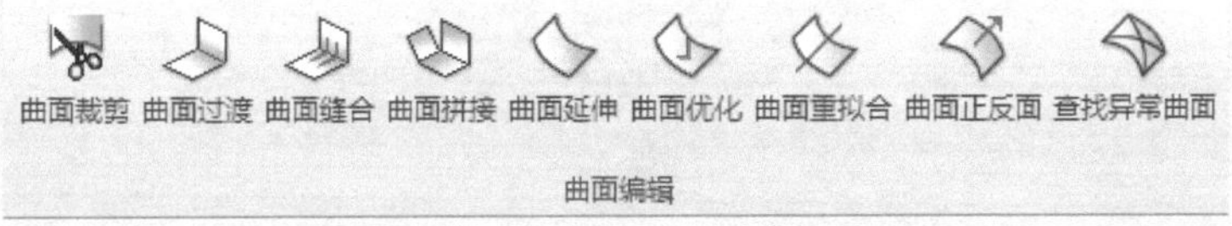

曲面裁剪 曲面过渡 曲面缝合 曲面拼接 曲面延伸 曲面优化 曲面重拟合 曲面正反面 查找异常曲面

曲面编辑

▶▶ 图 1-10　曲面编辑工具

3）特征工具

特征是指实体形成的方式，包括增料、除料、修改与模具 4 种。其中，增料是指在草图造型的基础上生成实体，增料工具包含拉伸增料、旋转增料、放样增料、导动增料与曲面加厚增料，如图 1-11 所示。

拉伸增料 旋转增料 放样增料 导动增料 曲面加厚增料

增料

▶▶ 图 1-11　增料工具

除料是指在实体上进行打孔等减料加工，除料工具包括拉伸除料、旋转除料、放样除料、导动除料、曲面加厚除料和裁剪，在实际使用过程中，可根据零件图的结构需求，针对性地选择工具，如图 1-12 所示。

▶▶ 图 1-12　除料工具

修改工具是指实体编辑工具，包括过渡、倒角、筋板、抽壳、拔模、打孔、阵列及环形阵列工具，这些工具可完成实体对应棱边和结构的处理，在零件实体造型中使用，如图 1-13 所示。

▶▶ 图 1-13　修改工具

模具工具包括缩放、型腔和分模工具，在特定造型中使用，如图 1-14 所示。

▶▶ 1-14　模具工具

4）零件加工模块

CAXA 制造工程师 2016 软件支持数控铣和加工中心机床，可实现自动输出加工程序，结合零件加工表面的实际结构，针对性地选择加工方法，并输出加工程序。 零件加工模块包括二轴加工、三轴加工、仿真加工、后置处理等。

（1）二轴加工

二轴加工包括平面轮廓精加工、平面区域粗加工、切割和雕刻 4 种加工模式，如图 1-15 所示。 具体的加工方式、参数及刀路的生成、刀路的优化，必须针对实际加工零件进行设置。

▶▶ 图 1-15　二轴加工

（2）三轴加工

三轴加工以等高线加工为主体，包含平面精加工、笔式清根加工、参数线精加工、曲面轮廓精加工等，如图1-16所示。

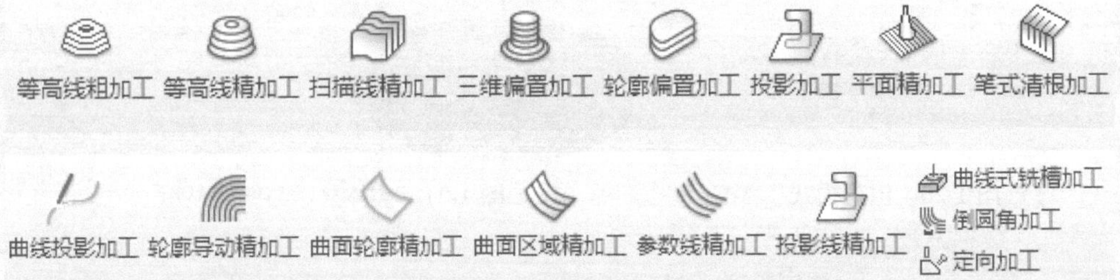

等高线粗加工 等高线精加工 扫描线精加工 三维偏置加工 轮廓偏置加工 投影加工 平面精加工 笔式清根加工

曲线投影加工 轮廓导动精加工 曲面轮廓精加工 曲面区域精加工 参数线精加工 投影线精加工

曲线式铣槽加工
倒圆角加工
定向加工

▶▶ 图1-16 三轴加工

（3）仿真加工

仿真加工是一种验证加工程序的方法，通过仿真加工，可以看出加工中刀具是否干涉，加工刀路是否需要优化。仿真的形式有实体仿真与线框仿真，如图1-17所示。

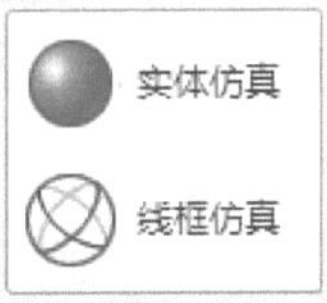

▶▶ 图1-17 实体仿真与线框仿真

（4）后置处理

零件加工的后置处理是指由软件形成的自动加工程序针对不同机床的操作系统进行相应的选择，使加工程序与机床的操作系统相对接，进而加工零件，如图1-18所示。

▶▶ 图1-18 后置处理

5）显示工具

显示工具包含显示变换、渲染模式、视向设置和轨迹显示工具。其中，显示变换包括显示重画、显示全部、显示窗口等，通过显示变换可以看清局部结构，如图1-19所示。

显示重画 显示全部 显示窗口 显示缩放 显示旋转 显示平移

显示变换

▶▶ 图1-19 显示变换

（1）渲染模式

针对曲面及实体模型，渲染模式体现的是图形显示的形式，包括线架显示、真实感显示等，如图 1-20 所示。 在实体造型中，根据具体的情况可选择实体的展现形式，如图 1-21 所示。

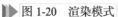

▶▶ 图 1-20　渲染模式　　　　　　　　　　▶▶ 图 1-21　实体显示与线架显示

（2）可见与隐藏

依据零件结构，在建模过程中存在许多辅助线，对后续的建模有一些障碍。 另外，由于实体零件的复杂程度高，会出现很多图层，为了图面的简洁明了，常常将已完成图层的辅助线隐藏，再编辑当前图层的内容。

注意：在不同图层建模时，必要的辅助面和线只可隐藏，不可删除，否则会直接改变形体的实际形态，可在需要时选择可见工具，如图 1-22 所示。

如图 1-23 所示，在多线条造型中，合理运用可见与隐藏工具会使图层更加清晰。

▶▶ 图 1-22　可见与隐藏

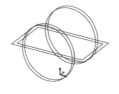

▶▶ 图 1-23　可见与隐藏工具的应用

6）常用工具

常用工具是指在建模中经常使用的工具，如图 1-24 所示，后续会逐一介绍。

▶▶ 图 1-24　常用工具

7）设置工具

设置工具可对颜色、层、拾取过滤、光源、材质和系统进行设置，如图 1-25 所示。

▶▶ 图 1-25　设置工具

（1）当前颜色

绘图区的颜色可根据需要进行设置，选择设置→当前颜色，弹出颜色管理对话框，如图 1-26 所示。

默认设定的颜色为黑色，若想改变颜色，可在基本颜色或扩展颜色中进行选择，在当前图层绘图时，图框颜色变为设定颜色，如图 1-27 所示。

▶▶ 图 1-26　颜色管理对话框

▶▶ 图 1-27　图层颜色设置

（2）层设置

根据零件图纸，可在绘图中进行层设置，可依据图形高度进行分层，也可依据图形独立结构进行分层。因此，分层的方法可自定义，还可定义图层的名称、颜色、打开或锁定、可见或隐藏。

【例 1】完成如图 1-23 所示线框的绘制。

首先选择设置→层设置，弹出图层管理对话框，如图 1-28 所示。

单击新建图层按钮，如图1-29所示。

图1-28　图层管理对话框

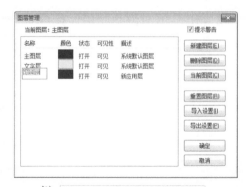

图1-29　单击新建图层按钮

双击名称、颜色、可见性等进行设置，再单击当前图层按钮，将底层设置成当前图层，如图1-30所示。

单击确定按钮，绘制底层图形，如图1-31所示。

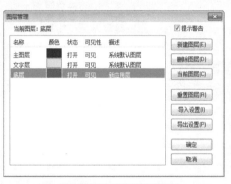

图1-30　设置新建图层

图1-31　绘制底层图形

单击设置→层设置→新建图层→立板，将立板层设置为当前图层，并将底层设为隐藏，如图1-32所示。

单击确定按钮，绘制立板层图形，如图1-33所示。

图1-32　设置立板层

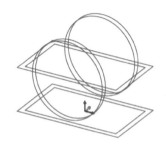

图1-33　绘制立板层图形

最后，单击层设置，将底层设为可见，如图 1-34 所示，单击确定按钮。 如图 1-35 所示，显示全部图层的图形。

注意：可见性设置不能在当前层中进行。

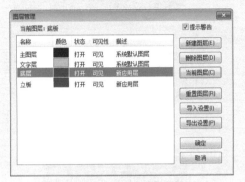

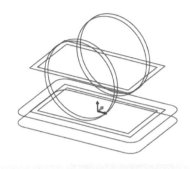

▶▶ 图 1-34　底层的可见性设置　　　　▶▶ 图 1-35　显示全部图层的图形

（3）光源设置

在实体造型中，为更好地体现实体的质感，增加渲染的效果，在光源设置中，可根据需要调整灯光的强弱。 单击光源设置→光源 0→点光源，进行距离及光强调整，单击确定按钮，如图 1-36 所示。

调整后的模型渲染效果如图 1-37 所示。

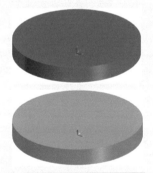

▶▶ 图 1-36　光源设置　　　　　　　　▶▶ 图 1-37　模型渲染效果

（4）材质设置

材质设置是指实体效果与材料的匹配度，有多种材质供选择，可根据零件图的材料选择相应的材质，具体操作为单击材质设置，弹出材质属性对话框，如图 1-38 所示。

根据零件图的材料选择相应材质，单击确定按钮，不同材质的零件如图 1-39 所示。

图 1-38　材质属性对话框

图 1-39　不同材质的零件

（5）系统设置

系统设置是指对软件系统进行设置，如背景颜色设置，系统默认颜色为渐变色，如图 1-40 所示。

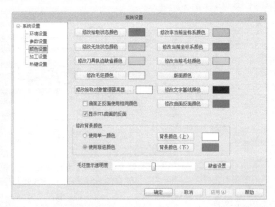

图 1-40　背景颜色设置

为使输出的文件更加清晰，可更改背景颜色为无色，如图1-41所示。

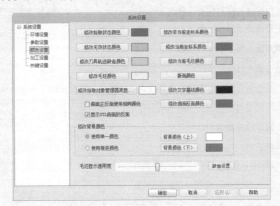

▮▶ 图1-41　更改背景颜色为无色

2. 目录树

目录树包括特征、轨迹、属性及命令行。 其中，特征是指图形在三个坐标平面中的形态，如图1-42所示。

▮▶ 图1-42　特征

二、常用功能键

常用功能键见表1-1。

表1-1　常用功能键

功能键	作　用
鼠标键	左键常用来选择图形元素、绘图工具 右键为完成键（结束操作键）
Enter键	弹出数据输入对话框和结束输入
空格键	在进行点输入时按空格键可进行点的属性的选择
其他功能键	F2键：在绘制草图时按F2键可直接进入草图界面，再次按F2键可退出草图界面
	F3键：按F3键可使绘图区的图形全屏显示
	F4键：刷新屏幕显示
	F5键：进入XY平面，绘图区显示XY坐标
	F6键：进入YZ平面，绘图区显示YZ坐标
	F7键：进入XZ平面，绘图区显示XZ坐标
	F8键：进入XYZ三维坐标，绘图区显示的图形为轴测图
	鼠标滚轮：按下鼠标滚轮，可旋转绘图区的图形
	方向键：可实现绘图区图形的平移

线框造型

线框造型工具是 CAXA 制造工程师 2016 软件造型的基础工具，也是轮廓加工的主要造型工具。 其中，直线工具、圆弧工具、圆工具及矩形工具是常用的线框造型工具，须灵活使用。

一、线框造型工具

1. 直线工具

直线工具是完成线框造型的线条造型工具，如图 2-1 所示。

直线

▶▶ 图 2-1　直线工具

1）两点线

单击直线工具图标，弹出直线工具对话框，如图 2-2 所示。

这时，命令行提示输入第一点坐标，如图 2-3 所示。

当前命令	▲
两点线	▼
单个	▼
非正交	▼

-70,0

▶▶ 图 2-2　直线工具对话框　　　　▶▶ 图 2-3　输入第一点坐标

按 Enter 键后，命令行提示输入第二点坐标，如图 2-4 所示。

按 Enter 键，右击退出直线工具，如图 2-5 所示。 这时，命令行提示输入第一点坐标，如果继续绘制直线，可以输入下一条直线的坐标。

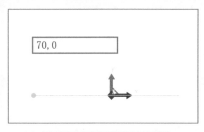

▶▶ 图 2-4　输入第二点坐标

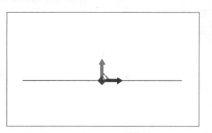

▶▶ 图 2-5　直线绘制完成

在使用直线工具绘制两点线时，要注意目录树中两点线的形式是单个还是连续，单击倒三角按钮即可实现单个与连续的转换，如图 2-6 所示。

▶▶ 图 2-6　两点线形式的转换

如果继续绘制第二条直线，对于单一的直线形式，必须从第一点开始绘制，而连续的直线直接给出第二点坐标即可。 例如绘制两条直线，其中，第一条直线的坐标为（-70，0）、（70，0），第二条直线的坐标为（70，0）、（70，25），如图 2-7 所示。

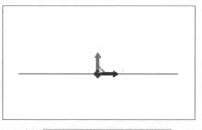

▶▶ 图 2-7　连续直线的绘制

2）平行线

单击两点线右侧倒三角按钮，选择平行线，如图 2-8 所示。

开始平行线的绘制，出现如图 2-9 所示绘图形式的选择，一种形式为过点绘制平行线，另一种形状为设置距离及平行线的条数进行绘制，选择的依据为图纸给定的尺寸标注的形式。

▶▶ 图 2-8　选择平行线

当前命令
平行线
过点
当前命令
平行线
距离
距离=
20.0000
条数=
1

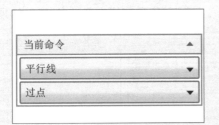

图 2-9　平行线的绘图形式

【例 1】绘制长度为 40、宽度为 20 的矩形。 绘图步骤如下。

选择两点线→连续，输入第一点坐标（-20，0）及第二点坐标（20，0），按 Enter 键，继续输入坐标（20，20），绘制折线，如图 2-10 所示。

单击两点线右侧的倒三角按钮，选择平行线→距离→条数，输入距离 20，条数 1，拾取直线，选择等距方向，如图 2-11 所示。

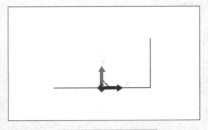

图 2-10　绘制折线

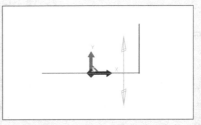

图 2-11　选择等距方向

选取距离为 20，完成一条平行线的绘制，如图 2-12 所示。

同理，完成长度为 40、宽度为 20 的矩形的绘制，如图 2-13 所示。

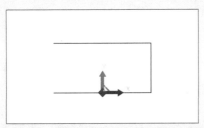

图 2-12　完成一条平行线的绘制

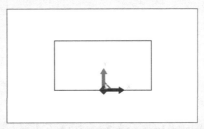

图 2-13　完成矩形的绘制

读者可自行练习过点绘制平行线的方法。

3）角度线

选择两点线，单击右侧倒三角按钮，弹出下拉列表，选择角度线，如图 2-14 所示。

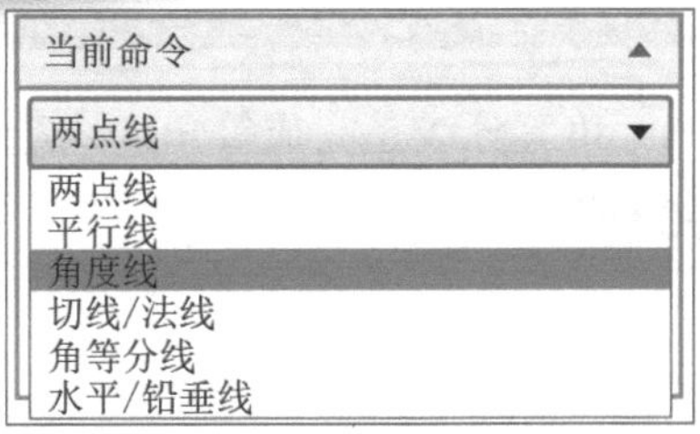

当前命令
两点线
两点线
平行线
角度线
切线/法线
角等分线
水平/铅垂线

图 2-14　选择角度线

角度线的形式有三种，包括 X 轴夹角、Y 轴夹角和直线夹角，如图 2-15 所示。

当前命令	▲
角度线	▼
X轴夹角	▼

角度=
45.0000

当前命令	▲
角度线	▼
Y轴夹角	▼

角度=
45.0000

当前命令	▲
角度线	▼
直线夹角	▼

角度=
45.0000

▶▶ 图 2-15　角度线的形式

【例 2】完成与水平直线成 30° 角的直线的绘制。

选择直线→两点线→单个，绘制一条水平线，如图 2-16 所示。

单击两点线右侧的倒三角按钮，选择角度线→X 轴夹角，输入角度 30，根据提示，单击角度线的第一点，然后拉出直线，单击确定第二点的坐标，完成角度线的绘制，如图 2-17 所示。

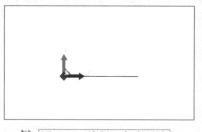

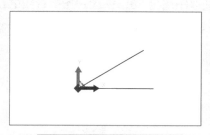

▶▶ 图 2-16　绘制一条水平线　　　　▶▶ 图 2-17　完成角度线的绘制

注意角度线绘制中角度的方向设置。

4）角等分线

角等分线是完成等角度线绘制的一种方法。 例如，将两直线的 90° 夹角进行四等分。

CAXA 制造工程师 2016 应用教程

首先选择两点线，绘制一条水平线和一条垂直线，再选择角等分线，输入份数4、长度100，单击选择第一条直线（水平线），再选择第二条直线（垂直线），即可完成角等分线的绘制，如图2-18所示。

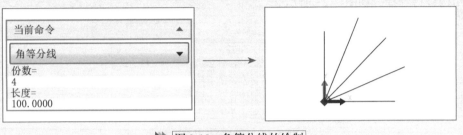

▶▶ 图2-18　角等分线的绘制

5）水平/铅垂线

在机械图纸的绘制中，水平/铅垂线作为绘图的基准，经常需要绘制，如图2-19所示。

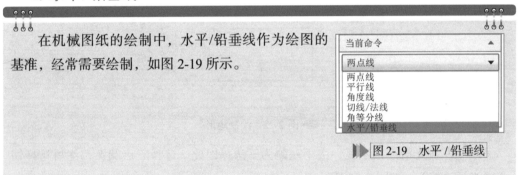

▶▶ 图2-19　水平/铅垂线

水平/铅垂线的形式有水平、铅垂和水平＋铅垂，在绘图中可根据需要选择，如图2-20所示。

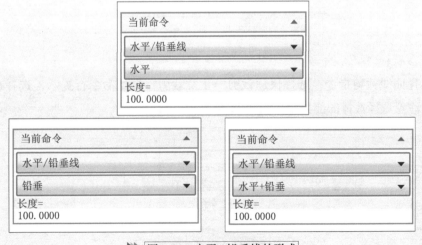

▶▶ 图2-20　水平/铅垂线的形式

2. 圆弧工具

圆弧工具是线框造型的常用工具,圆弧绘制形式可根据零件图纸的标注及图形的结构进行选择,如图 2-21 所示。

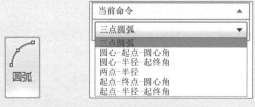

图 2-21　圆弧工具及绘制形式

【例 3】完成长度为 40、宽度为 20 的矩形左侧光滑的圆弧头连接。

绘制矩形,如图 2-22 所示。

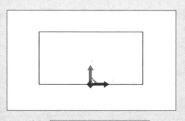

图 2-22　绘制矩形

绘制左侧光滑连接圆弧,由于左侧为三边,因此,选择三点圆弧,注意选择切点(光滑连接),如图 2-23 所示。

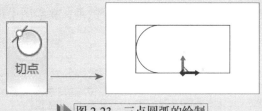

图 2-23　三点圆弧的绘制

选择曲线裁剪指令,选择快速裁剪→正常裁剪,根据命令行提示,选择被裁剪的线,注意选择裁掉的部分,如图 2-24 所示。

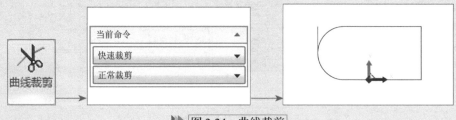

图 2-24　曲线裁剪

CAXA 制造工程师 2016 应用教程

图中一线段未被剪掉，原因是曲线裁剪工具只能将一条线段进行裁剪，不能完成整条线的删除。因此，须将剩余线段删除，选择删除工具，选择图中需要删除的线段，右击完成线段删除，如图 2-25 所示。

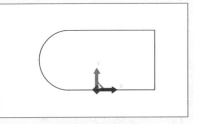

▶▶ 图 2-25　删除线段

3. 圆工具

圆工具是线框造型常用工具之一，圆的绘制形式有圆心 - 半径、三点和两点 - 半径三种方式，选择的依据是零件图尺寸的标注形式，如图 2-26 所示。

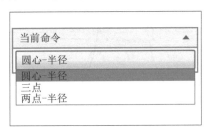

▶▶ 图 2-26　圆工具及绘制形式

4. 矩形工具

矩形工具也是线框造型常用工具之一，其绘制形式包括两点矩形和中心 - 长 - 宽两种，如图 2-27 所示。

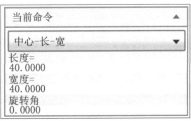

▶▶ 图 2-27　矩形工具及绘制形式

二、线框造型工具的应用

1. 完成工艺斧的造型

工艺斧零件图如图 2-28 所示。

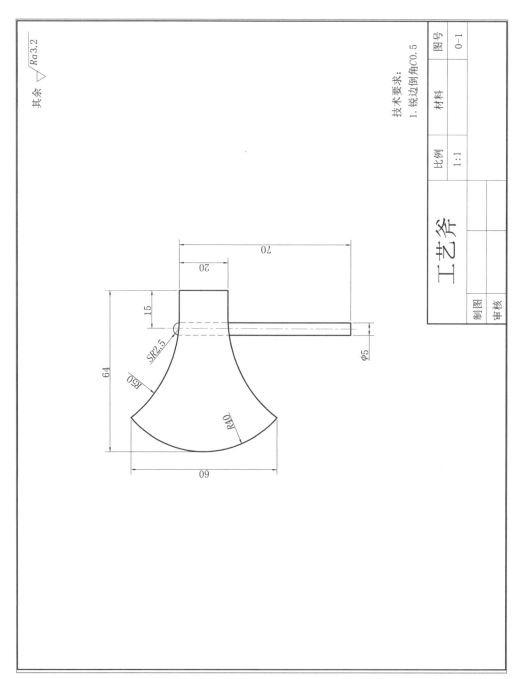

其余 $\sqrt{Ra3.2}$

技术要求：
1. 锐边倒角C0.5

比例		图号
1:1		0-1
材料		

工艺斧

制图	
审核	

▶▶ 图 2-28 工艺斧零件图

1）识读零件图

　　工艺斧零件包括斧头和斧柄两部分。其中，斧头部分由三段半径为 R40、2-R50 的圆弧及尺寸为 15×20 的矩形端部组成；斧柄部分由长度为 70、直径为 ϕ5 的圆棒构成，其端部为半球状。

2）工艺斧的造型

绘制长度为 60、宽度为 20 的矩形线框，如图 2-29 所示。

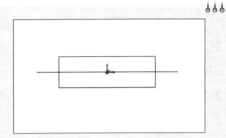

▶▶ 图 2-29　矩形线框的绘制

绘制左侧圆弧，首先绘制 $R40$ 圆弧的圆心，利用等距工具 选择等距的距离为 40，由矩形的左端铅垂线向右等距，再绘制水平线，得到的交点即 $R40$ 圆弧的圆心，如图 2-30 所示。

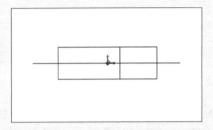

▶▶ 图 2-30　绘制 $R40$ 圆弧圆心

利用圆工具，圆心半径为 40，绘制 $R40$ 圆，如图 2-31 所示。

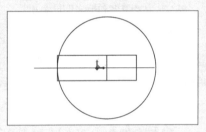

▶▶ 图 2-31　绘制 $R40$ 圆

绘制 2-$R50$ 两圆弧。

首先绘制距离为 30 的两条等距线，如图 2-32 所示。

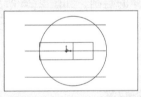

▶▶ 图 2-32　绘制距离为 30 的两条等距线

选择曲线裁剪工具，根据图纸要求裁剪 $R40$ 圆，如图 2-33 所示。

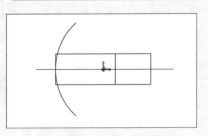

▶▶ 图 2-33　剪裁 $R40$ 圆

选择圆弧工具→两点－半径，绘制 R50 圆弧，注意圆弧的第一点为 R40 圆弧的端点，第二点是与宽度为 20 矩形的上或下面相切的点，完成圆弧的绘制，如图 2-34 所示。

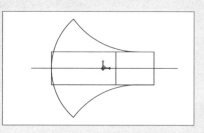

▶▶ 图 2-34　绘制 R50 圆弧

根据零件图进行曲线裁剪，如图 2-35 所示。

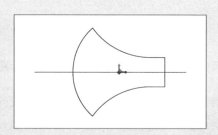

▶▶ 图 2-35　曲线裁剪

最后，完成斧柄的线框造型。

选择等距工具，输入距离 15，将矩形右侧铅垂线向左等距拉伸至 70，再选择等距工具，输入距离 2.5，进行左右等距，最后选择圆工具→圆心－半径，绘制斧柄头部的 R2.5 圆弧，完成工艺斧的绘制，如图 2-36 所示。

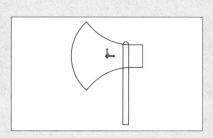

▶▶ 图 2-36　完成工艺斧的绘制

 练一练

读者可根据上述工艺斧的线框造型，利用所学的线框工具，进行工艺斧的线框优化，绘制自己的工艺斧，如图 2-37 所示。

▶▶ 图 2-37　绘制自己的工艺斧

2. 完成工艺钟的造型

工艺钟零件图如图 2-38 所示。

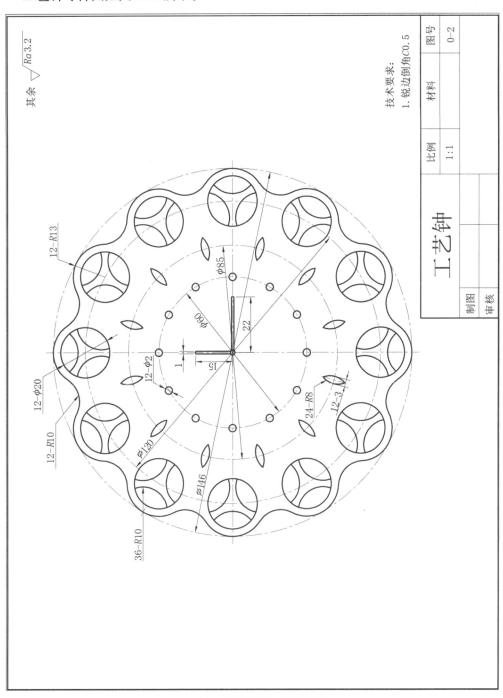

▶▶ 图 2-38　工艺钟零件图

1）识读工艺钟零件图

　　工艺钟由 3 层图形组成。 其中，第一层为均匀分布在 $\phi60$ 圆周上的 12 个 $\phi2$ 圆；第二层为均匀分布在 $\phi85$ 圆周上的宽度为 3、半径为 8 的 12 个曲线图形；第三层为均匀分布在 $\phi120$ 圆周上的 12 个花瓣图形，其中，$R10$ 凹圆弧的圆心分布在 $\phi146$ 圆周上，最外层为与第三层圆同心的半径为 13 的 12 个均匀分布的同心圆，相邻两圆由 $R10$ 圆弧外切连接。

2）工艺钟的造型

　　绘制中心线，选择圆工具→圆心 - 半径，绘制 $R30$ 圆，再选圆与中心线的交点为圆心绘制 $\phi2$ 圆，最后选择阵列工具，选择圆形阵列→均布，输入份数 12，按命令行的提示操作，完成 12 个 $\phi2$ 圆的绘制，如图 2-39 所示。

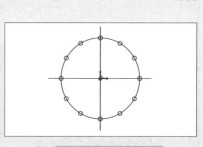

▶▶ 图 2-39　绘制 $\phi2$ 圆

　　选择圆工具，绘制 $\phi85$ 圆，再选择直线工具→角度线，直线夹角输入 15，根据命令行的提示，绘制与 Y 轴成 15°的角度线，再选择等距工具，输入距离 1.5，进行左右等距，再绘制与左线距离为 8 的等距线，绘制过圆的交点的直线的垂直线，确定圆弧的圆心，再选择圆工具→圆心 - 半径，绘制 $R8$ 圆，曲线裁剪后选择平面镜像工具，绘制与 Y 轴成 15°的角度线的圆弧镜像，如图 2-40 所示。

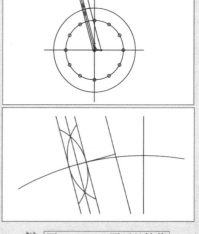

▶▶ 图 2-40　$R8$ 圆弧的镜像

　　选择曲线裁剪，完成第二层曲线造型，如图 2-41 所示。

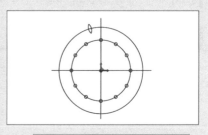

▶▶ 图 2-41　完成第二层曲线造型

CAXA 制造工程师 2016 应用教程

选择阵列工具，绘制 12 等分的圆形阵
列，如图 2-42 所示。

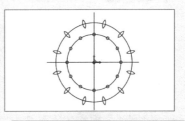

图 2-42　绘制 12 等分的圆形阵列

选择圆工具，绘制 ϕ120 圆，再以 ϕ120
圆与铅垂线交点为圆心绘制 ϕ20 圆，然后绘
制 ϕ146 圆，以最大外圆与垂直中心线的交
点为圆心绘制 ϕ20 圆，选择曲线剪裁工具
进行裁剪，保留两圆交集部分，最后选择阵
列工具→圆形阵列→3 份，选取需要阵列的
曲线，选择阵列中心，完成花瓣造型，如图
2-43 所示。

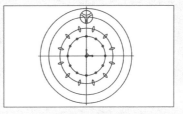

图 2-43　完成花瓣造型

选择阵列工具→圆形阵列，设为 12 份，
完成第三层图形的绘制，如图 2-44 所示。

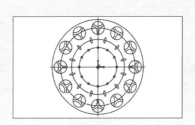

图 2-44　完成第三层图形的绘制

选择等距工具→单根曲线，距离为 3，
选取 1 个花瓣的外径向外等距即可，再选择
阵列工具→圆形阵列，设为 12 份，完成 ϕ13
同心圆的阵列，再选择圆弧工具→两点 - 半
径，选择相邻两圆的点，注意选取切点，输
入圆弧半径 10，再将所画圆弧设为 12 份阵
列（圆形阵列），最后依据零件图完成相应
的曲线裁剪，完成工艺钟的线框造型，如图
2-45 所示。

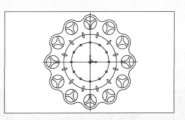

图 2-45　完成工艺钟的线框造型

添加时针与分针，如图 2-46 所示。

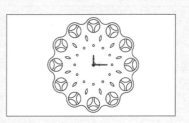

图 2-46　绘制工艺钟的时针与分针

练一练

通过工艺钟造型的训练，开动脑筋，绘制自己的工艺钟，如图 2-47 所示。

 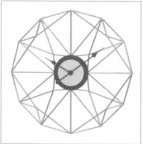 

▶▶ 图 2-47　绘制自己的工艺钟

CAXA 制造工程师 2016 应用教程

课题三

曲面造型

在数控加工中，曲面是不可缺少的结构要素。因此，如何生成和编辑曲面是曲面造型的主要内容。

一、规则曲面生成工具

曲面工具包括曲面生成工具和曲面编辑工具。

在曲面生成工具中，有直纹面、旋转面、扫描面、导动面、等距面这 5 种规则曲面生成工具，如图 3-1 所示。

▶▶ 图 3-1　规则曲面生成工具

1. 直纹面

直纹面是由一条直线的两端点分别在两条曲线上运动形成的轨迹曲面。直纹面的形式有 3 种：曲线 + 曲线、点 + 曲线和曲线 + 曲面，如图 3-2 所示。

▶▶ 图 3-2　直纹面的形式

1）曲线 + 曲线生成直纹面

以矩形线框为例，完成曲面的生成，可选择直纹面，根据命令行的引导，先选取第一条边，如图 3-3 所示。

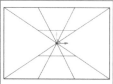

▶▶ 图 3-3　曲线 + 曲线生成直纹面

2）点 + 曲线生成直纹面

【例 1】正六边形线框如图 3-4 所示，完成曲面的生成。

采用曲线 + 曲线的形式，结果如图 3-5（a）所示，无法完成直纹面的生成；选择点 + 曲线的形式，生成的直纹面如图 3-5（b）所示。

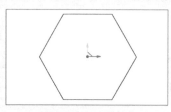

▶▶ 图 3-4　正六边形线框

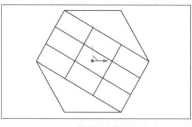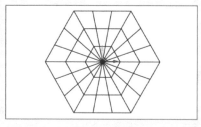

（a）曲线 + 曲线　　　　　　　　（b）点 + 曲线

▶▶ 图 3-5　直纹面的生成

【例 2】完成图 3-6 所示二维线框的曲面生成，结果如图 3-7 所示。

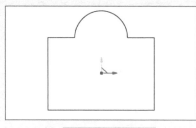

▶▶ 图 3-6　二维线框

CAXA 制造工程师 2016 应用教程

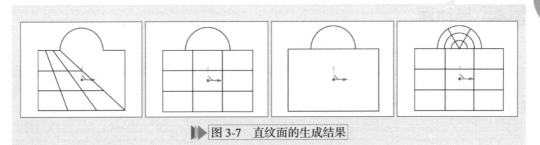

▶▶ 图 3-7　直纹面的生成结果

2. 旋转面

对于回转体，可采用旋转面的形式生成曲面。

【例 3】生成圆锥的曲面，如图 3-8 所示。

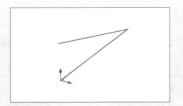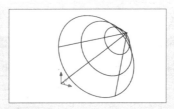

▶▶ 图 3-8　生成圆锥的曲面

3. 扫描面

扫描面是指由一条曲线沿既定方向生成曲面。

扫描面的特点是须指定曲线的扫描方向，如图 3-9 和图 3-10 所示。

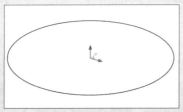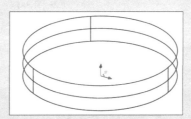

▶▶ 图 3-9　扫描面 1

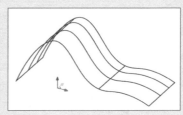

▶▶ 图 3-10　扫描面 2

课题三

曲面造型

4. 导动面

1）平行导动

平行导动是指截面曲线保持不变的导动，如图 3-11 所示。

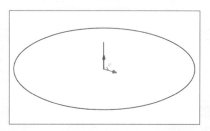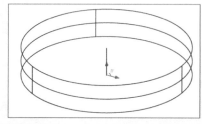

▶▶ 图 3-11　平行导动

2）固结导动

固结导动的特点为导动线与截面曲线处于不同的平面，如图 3-12 ~ 图 3-16 所示。

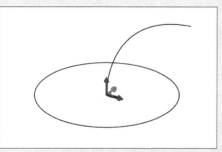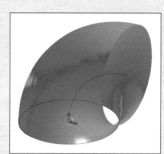

▶▶ 图 3-12　单截面固结导动

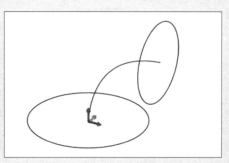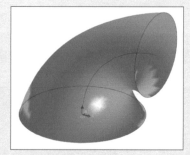

▶▶ 图 3-13　双截面固结导动

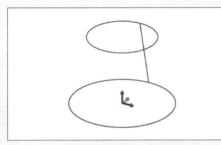

图 3-14　导动线 + 平面 1

图 3-15　导动线 + 平面 2

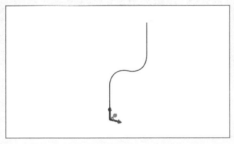

图 3-16　管道曲面

曲面造型

二、烟灰缸的曲面造型

烟灰缸零件图如图 3-17 所示。

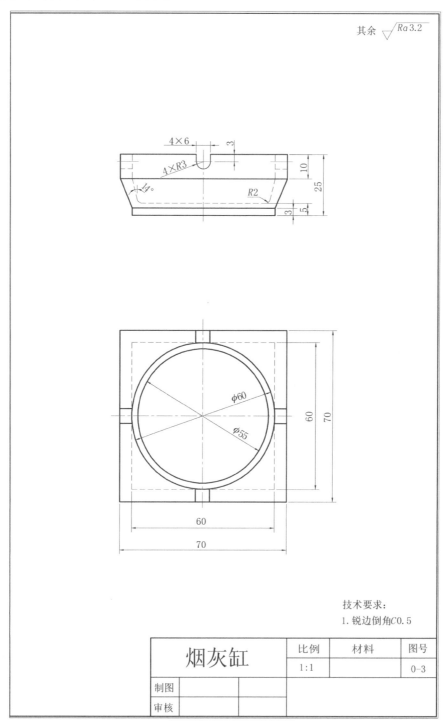

其余 $\sqrt{Ra\,3.2}$

技术要求:
1. 锐边倒角C0.5

烟灰缸	比例	材料	图号
	1:1		0-3
制图			
审核			

▶▶ 图 3-17　烟灰缸零件图

1. 识读零件图

烟灰缸由三部分组成。下部是烟灰缸的底座，为 60×60、高 3 的方形台结构。中部为倒棱台，与底座连接部分的尺寸为 60×60，上部尺寸为 70×70，高度为 12。上部为四方台，尺寸为 70×70，高度为 10，中间部分为 $\phi 60$、深度为 10 的空心柱，与中间部分相连的是倒圆台，圆台的底径为 55，距底边 5，顶径为 60，底部有 $R2$ 圆弧过渡，顶部有均匀分布的 4 个夹持卷烟的结构，尺寸为宽度 6、深度 3，底部由 $R3$ 半圆组成。

2. 完成曲面造型

完成底座的曲线造型。	选择曲线→矩形→中心 - 长 - 宽，输入长 = 宽 =60，选择常用工具→平移→拷贝，输入 Z=3，完成底座的曲线造型，如图 3-18 所示。	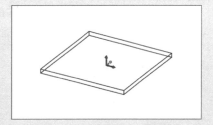 图 3-18 完成底座的曲线造型
绘制中部倒棱台结构。	选择曲线→矩形，输入长度 70、宽度 70，选择常用工具→平移→移动，输入 Z=15，选择线框，绘制中部倒棱台结构，如图 3-19 所示。	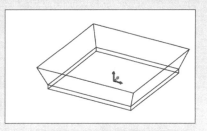 图 3-19 绘制中部倒棱台结构
绘制顶部立柱部分线框。	选择常用工具→平移→拷贝，输入 Z=10，选取曲线，绘制顶部立柱部分线框，如图 3-20 所示。	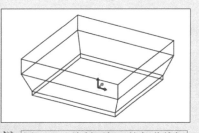 图 3-20 绘制顶部立柱部分线框

完成烟灰缸腔体的线框造型。

选择曲线→圆→圆心－半径，输入半径 27.5 和 30，选择常用→平移→移动，输入 5，选择 R27.5 圆，单击确定按钮，再输入 15（平移工具），选择 R30 圆，单击确定按钮，再输入 10（平移工具），选择 R30 圆，单击确定按钮，完成烟灰缸腔体的线框造型，如图 3-21 所示。

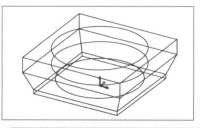

▶▶ 图 3-21　完成烟灰缸腔体的线框造型

进行底面曲面生成，选择直纹面→曲线 + 曲线，选择相应曲线，依次选取 8 个曲面，完成底座的曲面生成，如图 3-22 所示。

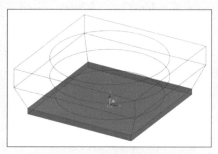

▶▶ 图 3-22　完成底座的曲面生成

绘制中间连接部分。从线框造型可以看出，外围为倒梯形，如果直接用直纹面造型，会出现问题，需要进行图形转换，增加辅助线。因此，在这里介绍一种不规则曲面生成工具——平面工具，当前命令为裁剪平面，如图 3-23 所示。利用平面工具，可以进行任何封闭曲线的曲面造型。

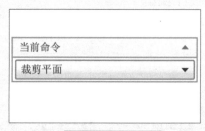

▶▶ 图 3-23　裁剪平面

进行内侧腔体的曲面造型，选择平面→裁剪平面，直接选取圆曲线，按提示选取一侧的方向并右击，系统提示选取内轮廓曲线，如果没有可直接右击，生成圆平面，如图 3-24 所示。

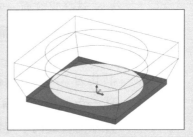

▶▶ 图 3-24　中间连接部分圆平面

选择曲线→水平＋铅垂，输入长度 100，在绘图区中选择绘图平面为 XZ 面，绘制垂直线；然后，选择曲线→两点线→单个，选择端点，拾取倒圆台的母线，如图 3-25 所示。

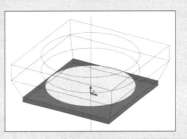

▶▶ 图 3-25　绘制倒圆台的轴线和母线

选择曲面→旋转面，拾取轴线，选择方向后，再选择母线，完成倒圆台表面的生成，如图 3-26 所示。

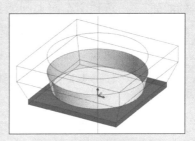

▶▶ 图 3-26　倒圆台表面的生成

选择曲面过渡工具→两面过渡→等半径，输入半径 2，选取要连接的底面和侧面，设置方向为指向腔体部分，完成腔体底边的曲面过渡，如图 3-27 所示。

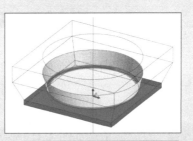

▶▶ 图 3-27　腔体底边的曲面过渡

选择平面→裁剪平面，依次选取中间连接部分的倒梯形的 4 个表面。注意，在选择轮廓连接方向时，一定要形成封闭图形。完成中间连接部分的曲面造型，如图 3-28 所示。

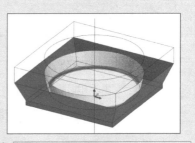

▶▶ 图 3-28　中间连接部分的曲面造型

CAXA 制造工程师 2016 应用教程

选择直纹面→曲线 + 曲线，完成内部腔体的曲面生成。

按 F7、F8 键，将坐标平面转化为 XZ 面，选择曲线→等距线→单根曲线，输入距离 3，将顶端的直线向下等距，再选择中点，拾取一端的矩形上下两条平行线，绘制两点线，之后选择曲线→圆→圆心 - 半径，拾取圆的中心点，输入半径 3，完成 XZ 平面圆的绘制，如图 3-29 所示。

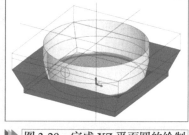

▶▶ 图 3-29　完成 XZ 平面圆的绘制

完成夹持部分的曲面生成。

选择等距线，输入距离 3，选择 XZ 面上圆的垂直线，进行左右等距，然后按图纸要求进行曲线裁剪，如图 3-30 所示，完成 U 形夹持部分的曲线造型。

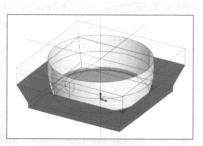

▶▶ 图 3-30　曲线裁剪

选择曲面裁剪→投影线裁剪，拾取内圆柱表面和 U 形线框，完成曲面裁剪，再选择相关线→曲面边界线，拾取被裁剪的曲面，完成 U 形边界线的拾取。之后，选择直纹面，依次选取 U 形边界线，完成 U 形夹持面的生成，如图 3-31 所示。

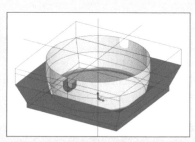

▶▶ 图 3-31　完成 U 形夹持面的生成

选择阵列→圆形阵列，设为 4 等分，拾取 U 形夹持面并右击，再选择阵列中心，完成 4 个夹持面的阵列，如图 3-32 所示。

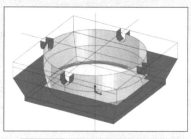

▶▶ 图 3-32　完成 4 个夹持面的阵列

选择直纹面→曲线＋曲线，完成四周顶面立柱的曲面生成，再选择曲面裁剪→线裁剪，将均匀分布的 4 个夹持部分裁剪完成。 最后，选择直纹面，完成 4 个夹持部分的曲面生成，如图 3-33 所示。

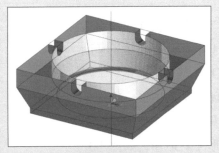

图 3-33　完成 4 个夹持部分的曲面生成

选取曲线→相关线→曲面边界，拾取夹持部分，显示边界线，再选择平面工具，依次完成烟灰缸顶面的曲面生成，如图 3-34 所示。

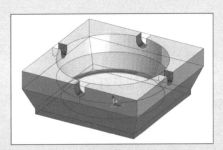

图 3-34　依次完成烟灰缸顶面的曲面生成

注意：在烟灰缸的曲面造型过程中，用到了直纹面、旋转面、平面、曲面裁剪，以及相关线、曲线组合、曲线裁剪等工具，工具应依据零件设计进行选择，能够完成需要的曲面即可。

三、不规则曲面生成工具

在实际生活中，既有规则曲面，也有不规则曲面。 在造型过程中，不规则曲面生成工具有平面、边界面、放样面、网格面和实体表面，如图 3-35 所示。

图 3-35　不规则曲面生成工具

CAXA 制造工程师 2016 应用教程

在烟灰缸的曲面造型中，已经使用了平面工具，平面工具对于封闭的平面图形，特别是具有中间镂空的平面图形尤其适用，如图 3-36 所示。

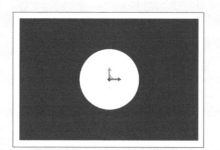

图 3-36　平面工具

当平面曲线具有一定规律时，如三边面或四边面，利用边界面生成曲面是很便捷的，如图 3-37 和图 3-38 所示。

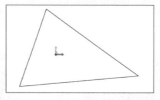 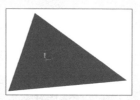

图 3-37　三边面的生成

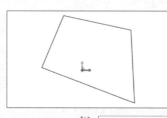 

图 3-38　四边面的生成

放样面是指曲面在某一坐标方向具有一定规律，如图 3-39 所示。

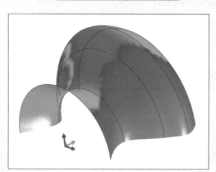

图 3-39　放样面

网格面是指不规则曲线形成的曲面，如图 3-40 所示。

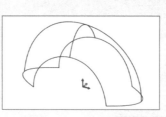 

图 3-40　网格面

四、曲面编辑工具

曲面编辑是指曲面的裁剪、缝合、过渡、延伸和拼接等。 在曲面造型中，曲面编辑工具是生成完整曲面不可或缺的工具，如图 3-41 所示。

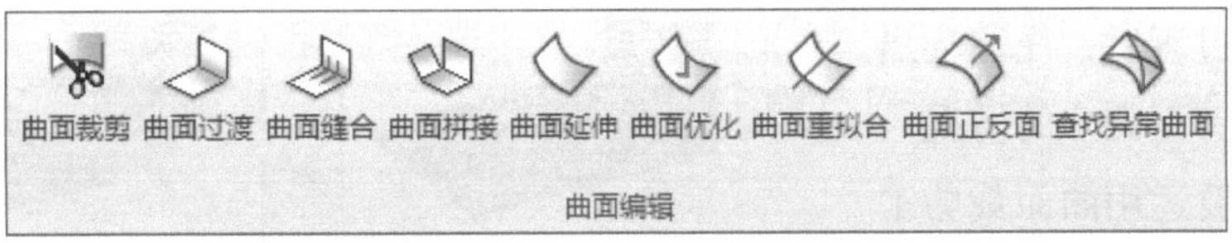

曲面裁剪　曲面过渡　曲面缝合　曲面拼接　曲面延伸　曲面优化　曲面重拟合　曲面正反面　查找异常曲面

曲面编辑

▶▶ 图 3-41　曲面编辑工具

曲面裁剪工具是曲面生成中不可缺少的工具之一。 与曲线裁剪工具相比，曲面裁剪工具的适应性更强。 选择曲面裁剪→线裁剪，分别拾取被裁剪曲面和剪刀线，可完成曲面裁剪，如图 3-42 所示。

▶▶ 图 3-42　线裁剪

选择曲面裁剪→投影线裁剪，输入投影方向，选择被裁剪曲面和剪刀线，可完成曲面裁剪，如图 3-43 所示。

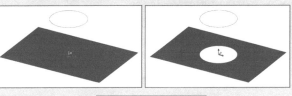

▶▶ 图 3-43　投影线裁剪

选择曲面裁剪→面裁剪，分别拾取被裁剪曲面和剪刀曲面，可完成曲面裁剪，如图 3-44 所示。 面裁剪工具与其他裁剪工具的不同之处在于，它使用的是剪刀曲面而不是剪刀线。

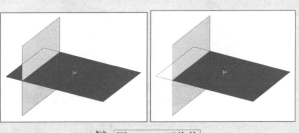

▶▶ 图 3-44　面裁剪

曲面过渡工具可实现两面过渡和三面过渡两种形式，两面过渡如图 3-45 所示。 当选择三面过渡时，完成曲面过渡后，往往会出现曲面裁剪不完全的情况。这时，需要运用曲面裁剪工具完成多余部位的裁剪工作，如图 3-46 所示。

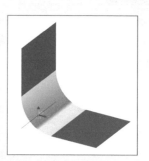

图 3-45　两面过渡

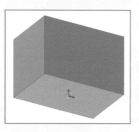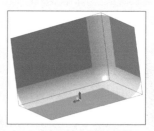

图 3-46　三面过渡

曲面拼接工具应用于曲面生成过程中出现的缺口部分，有三面拼接与四面拼接之分，应根据曲面的实际情况进行选择，如图 3-47 所示为曲面的三面拼接。

图 3-47　曲面的三面拼接

曲面缝合与曲面过渡的本质区别在于，曲面缝合是将两个离散的曲面进行缝合，形成一个新的完整的曲面，缝合的过渡面由离散曲面的离散程度决定，无法进行量化控制，如图 3-48 所示。

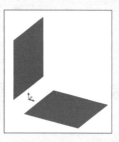

图 3-48　曲面缝合

五、瓶子的曲面造型

瓶子零件图如图3-49所示。

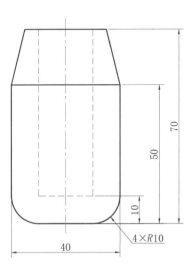

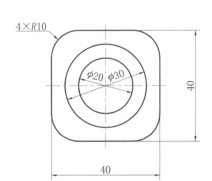

技术要求：
1. 锐边倒角C0.5

瓶子	比例	材料	图号
	1:1		0-4
制图			
审核			

▶▶ 图3-49　瓶子零件图

1. 识读零件图

从零件图中可看出，瓶子底部外形尺寸为 40×40，高度为 50，四周为 $R10$ 圆角过渡；顶部为 40×40 的四边形到 $\phi30$ 圆的渐变形，高度为 20；瓶子内部为直径为 20、深度为 60 的腔体。

2. 完成曲面造型

完成瓶子的曲线造型，如图 3-50 所示。

▶▶ 图 3-50　瓶子的曲线造型

完成瓶子底部的曲面造型。利用平面或直纹面完成底面及四周平面的曲面造型，如图 3-51 所示。

▶▶ 图 3-51　瓶子底部的曲面造型

依据零件图完成四周半径为 10 的曲面过渡，如图 3-52 所示。从图中可看出，曲面过渡造成瓶子底部的曲面不封闭，需要进行处理。

▶▶ 图 3-52　瓶子的曲面过渡

要使瓶子底部的曲面封闭，必须进行两步操作，第一步是对曲面过渡带来的多余的过渡曲面进行裁剪。先选择曲线→相关线→曲面边界线，显示需要裁剪的曲面的边界线，再选择常用→平移→拷贝，输入 Z 轴平移的距离 10，绘制曲面裁剪的剪刀线，最后选择曲面→曲面裁剪→线裁剪，完成多余曲面的裁剪，如图 3-53 所示。

▶▶ 图 3-53　裁剪底部多余曲面

第二步是选择曲面→曲面拼接→三边面，完成曲面拼接，如图3-54所示。注意：如果需要完成曲面拼接，必须显示曲面的边界线，否则无法拾取曲面。

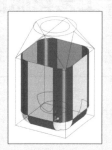

图 3-54　完成曲面拼接

接下来，选择曲线→相关线→曲面边界线，显示立柱曲面的边界线，再选择曲线→水平＋铅垂，绘制坐标中心的水平＋铅垂线，选择常用→平移→移动，输入 Z 轴距离 70，拾取水平与铅垂线，单击确定按钮，再选择曲线→曲线打断，拾取顶端大外圆的表面，再选择打断点，将外圆进行四等分，再选择曲面→边界面→四边面，完成四边面的生成，如图 3-55所示。

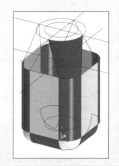

图 3-55　生成四边面

再选择曲面→平面，拾取三角形的平面线，单击确定按钮，完成三角形平面的生成，如图 3-56 所示。

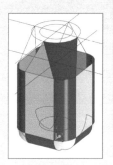

图 3-56　生成三角形平面

依次完成顶端异形曲面的生成，选择直纹面→曲线＋曲线，选择同侧的上下两个圆，单击确定按钮，生成中间腔体的表面，最后选择曲面→平面，生成顶部环形曲面，完成瓶子的曲面造型，如图 3-57 所示。

图 3-57　完成瓶子的曲面造型

在实际造型中，完成曲面过渡后常常需要进行曲面裁剪，特别是在三面过渡中，还要采用曲面拼接才能完成曲面的三面过渡。

六、工艺花瓶的曲面造型

工艺花瓶零件图如图 3-58 所示。

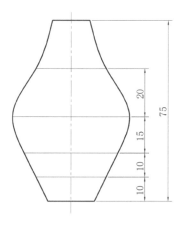

其余 $\sqrt{Ra\,3.2}$

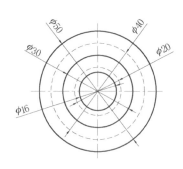

技术要求:
1. 锐边倒角C0.5

工艺花瓶	比例	材料	图号
	1:1		0-5
制图			
审核			

▶▶ 图 3-58 工艺花瓶零件图

1. 识读零件图

工艺花瓶自下而上由一系列不同位置、不同直径的圆组成，分别是位于底部的 $\phi 20$ 圆、距离底面 10 的 $\phi 30$ 圆、距离底面 20 的 $\phi 40$ 圆、距离底面 35 的 $\phi 50$ 圆、距离底面 55 的 $\phi 30$ 圆、顶面的 $\phi 16$ 圆。

2. 完成曲面造型

首先，完成工艺花瓶的线框造型，如图 3-59 所示。

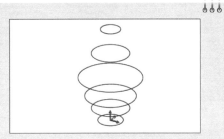

▶▶ 图 3-59　工艺花瓶的线框造型

其次，完成工艺花瓶的曲面造型。

观察工艺花瓶的线框，其由不同位置、直径不等的圆组成，因此，可选网格面工具。 首先选择曲线→样条线，绘制几条样条线，如图 3-60 所示。 然后选择曲面→网格面，注意首先拾取 U 向的曲线（U 向与 V 向是相互垂直的两个方向，如果选择一个方向为 U 向，那么，与其垂直的另一个方向一定是 V 向），再选择 V 向的曲线，单击确定按钮，形成工艺花瓶的表面曲线，如图 3-61 所示。

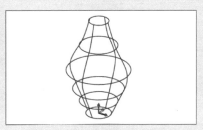

▶▶ 图 3-60　绘制几条样条线

▶▶ 图 3-61　工艺花瓶的表面曲线

最后，选择曲面→平面，完成花瓶底部表面的曲面生成，如图 3-62 所示。

▶▶ 图 3-62　完成花瓶底部表面的曲面生成

课题三

曲面造型

以上介绍的是曲面工具，在实际造型过程中，应灵活地选择曲面工具，完成不同曲面的造型。 随着智能制造业的发展，工业机器人的应用日益广泛，读者是否可以完成一个工业机器人的曲面造型（图 3-63）呢？

▶▶ 图 3-63　工业机器人的曲面造型

实体造型

实体造型是建立在线框造型基础上的一种造型方法，利用它可以获得生成加工程序的基础模型。

实体造型的关键是创建草图。要完成零件的实体造型，必须先创建相关平面的草图，在草图平面内完成封闭线框的造型，才能继续完成增料、除料及修改等实体造型的相关操作。

一、增料

增料工具包括拉伸增料、旋转增料、放样增料和导动增料等，如图 4-1 所示。

▶▶ 图 4-1　增料工具

1. 拉伸增料

在平面 XY 上创建草图，右击平面 XY，选择创建草图，在特征管理目录中出现草图 0，如图 4-2 所示。

▶▶ 图 4-2　创建草图

此时，可在绘图区利用曲线工具绘制封闭曲线，完成后按F2键退出草图界面，或单击绘制草图按钮，退出草图操作，此时绘图区的封闭图形变为红色，如图4-3所示。若要修改草图，可右击草图0并选择编辑草图，重新进入草图界面进行修改。

▶▶ 图4-3　草图变为红色

退出草图界面后，选择特征→拉伸增料弹出的对话框如图4-4所示。

▶▶ 图4-4　拉伸增料对话框

在该对话框中选择拉伸的类型，包括固定深度、双向拉伸和拉伸到面三种，默认的是固定深度，需要填写深度值，选中拉伸对象，单击确定按钮，即可完成拉伸增料，如图4-5所示。

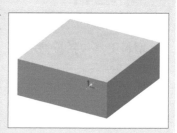

▶▶ 图4-5　完成拉伸增料

2. 旋转增料

实体具有公共轴线，在创建草图时，须注意轴线与草图的关系。这里选取平面XZ创建草图，退出草图界面后，选择旋转增料，弹出旋转对话框，设置旋转的类型和角度，并拾取草图，如图4-6所示。注意：旋转的轴线必须在草图外绘制。

 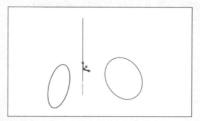

▶▶ 图4-6　旋转对话框及绘制轴线

CAXA 制造工程师 2016 应用教程

单击确定按钮，完成旋转增料，如图 4-7 所示。

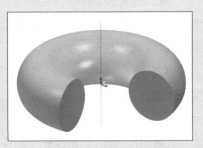

▶▶ 图 4-7　完成旋转增料

3. 放样增料

放样增料主要针对异形曲面的生成，采用放样增料可一次性生成实体。选择放样增料时，需要创建基准面，因为在实体造型部分，默认的基准面为平面 XY、XZ 和 YZ，而异形面在空间中需要不同位置和不同方向的基准面，操作方法是选择特征→基准面，弹出构造基准面对话框，如图 4-8 所示。

▶▶ 图 4-8　构造基准面对话框

选择构造方法，输入距离 5，拾取平面，单击确定按钮，完成基准面的构造，如图 4-9 所示。

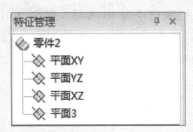
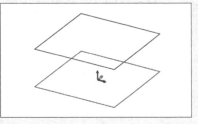

▶▶ 图 4-9　构造基准面

在特征管理目录中选择平面，右击并选择创建草图→曲线→矩形→中心－长－宽，输入尺寸 40×40，选择坐标原点，单击确定按钮，选择曲线过渡→圆弧过渡，输入圆弧半径 10，进行矩形四周圆弧过渡，完成曲线图形绘制，退出草图界面，如图 4-10 所示。

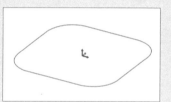

▶▶ 图 4-10　完成底部四边形草图绘制

选择特征→基准面，输入距离 20，单击平面 XY，如图 4-11 所示。

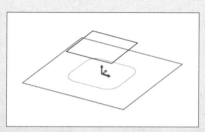

▶▶ 图 4-11　设置基准面

单击确定按钮，完成基准面的构造，如图 4-12 所示。

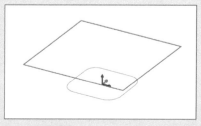

▶▶ 图 4-12　构造基准面

在平面 3 上创建草图，选择曲线→圆，绘制直径为 30 的圆，退出草图界面，如图 4-13 所示。

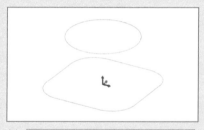

▶▶ 图 4-13　瓶子异形面的草图绘制

选择特征→放样增料，弹出放样对话框，选择草图，注意草图的选择顺序，当所有的草图选择完成之后，草图上的绿色连接线顺序一定要正确，否则在生成实体时会出现无法生成的提示，如图 4-14 所示。

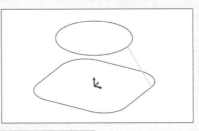

▶▶ 图 4-14　放样增料的设置

最后，单击确定按钮，直接生成实体，如图 4-15 所示。

▶▶ 图 4-15　生成瓶子顶部的实体

4. 导动增料

导动增料包括平行导动和固结导动两种方式，导动增料生成的实体的特点是草图曲线与导动线相互垂直，并且实体的截面线具有一定的规律。

在平面 XY 中创建草图，绘制草图，选择特征→导动增料，按 F7、F8 键，选择样条线，选择导动模式，拾取轨迹线，右击确认，如图 4-16 所示。

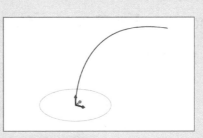

▶▶ 图 4-16　导动增料的设置

在导动对话框中，选择轮廓截面线，显示草图 0，双击轨迹线，在绘图区拾取轨迹线，选择轨迹方向，导动对话框中出现共有 1 条轨迹线的字样，如图 4-17 所示。

 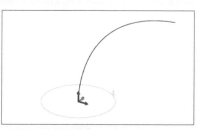

▶▶ 图 4-17　导动增料的轨迹线拾取

单击确定按钮，完成实体的生成，如图 4-18 所示。

▶▶ 图 4-18　生成实体

二、完成零件的实体造型

运用 CAXA 制造工程师 2016 进行加工的零件共 8 个，对应的职业技能鉴定标准为中级工和高级工。从实体造型开始，将介绍 CAXA 制造工程师 2016 的造型方法、加工程序的优化及输出，使读者进一步了解该软件的实际应用。

1.【001-1】号零件的实体造型

【001-1】号零件图如图 4-19 所示。

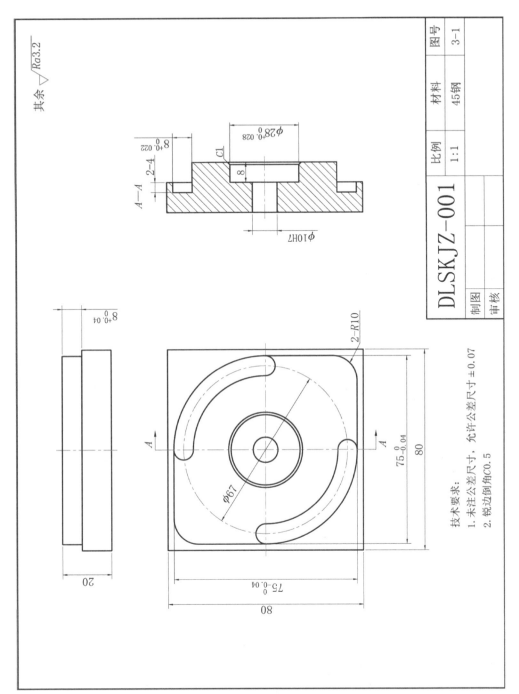

▶▶ 图4-19 【001-1】号零件图

1）识读零件图

零件的外轮廓尺寸为 $80 \times 80 \times 20$，采用45钢，比例为 $1 : 1$。零件的凸起部分高度为8，形状如俯视图所示，凸起的外廓尺寸为 75×75。零件两侧带有腰形槽，槽的宽度为8，深度为4，槽的中心在 $\phi 67$ 圆的圆周上。零件的中心有直径为10的通孔和直径为28的沉孔，沉孔的深度为8。

2）零件的实体造型

首先完成底座部分的实体造型。选择平面 XY，创建草图，选择曲线→矩形，输入尺寸 80×80，退出草图界面，选择特征→拉伸增料，输入增料的深度 12，单击确定按钮，底座外形如图 4-20 所示。

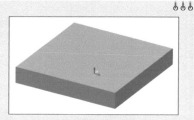

图 4-20　底座外形

选择实体的上表面，创建草图，选择曲线→矩形，输入矩形尺寸 75×75，采用圆角过渡，首先过渡的圆角半径为 10，再计算另外两个圆角的半径为 R=67/2+4=37.5，退出草图界面，选择特征→拉伸增料，输入深度为 8，完成凸起部分的实体造型，如图 4-21 所示。

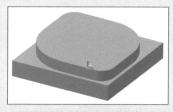

图 4-21　凸起部分的实体造型

在实体的上表面创建草图，绘制零件上的两个腰形槽，退出草图界面，选择拉伸除料，输入固定深度 12，完成腰形槽的实体造型，如图 4-22 所示。

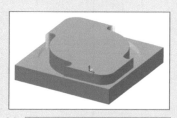

图 4-22　腰形槽的实体造型

选择上表面创建草图，选择曲线→圆→圆心-半径，输入圆的半径 5，退出草图界面，选择特征→拉伸除料，完成通孔的实体造型，如图 4-23 所示。

图 4-23　通孔的实体造型

选择上表面创建草图，选择曲线→圆→圆心-半径，输入半径 14，退出草图界面，选择特征→拉伸除料→固定深度，输入深度 8，单击确定按钮，完成沉孔的实体造型，再根据图纸要求，完成圆弧过渡部分的造型，【001-1】号零件的实体造型如图 4-24 所示。

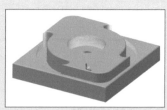

图 4-24　【001-1】号零件的实体造型

2. 【OO1-2】号零件的实体造型

【001-2】号零件图如图 4-25 所示。

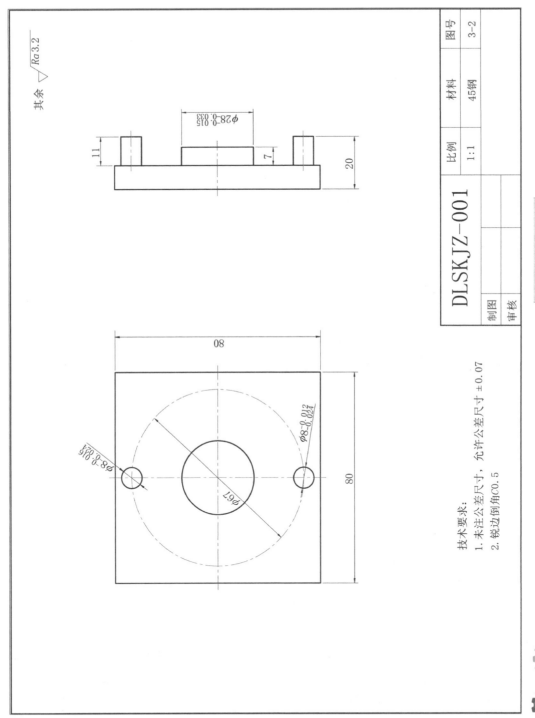

▶▶ 图 4-25　【001-2】号零件图

1）识读零件图

零件底部为 $80 \times 80 \times 9$ 的立方体，中间圆柱凸台的尺寸为 $\phi28$，高度为 7，两侧定位立柱左右对称，位于 $\phi67$ 圆上，立柱的直径为 8，高度为 11。

2）零件的实体造型

选择平面 XY 创建草图，选择曲线→矩形，输入矩形尺寸 80×80，退出草图界面，选择特征→拉伸增料，输入深度 9，单击确定按钮，完成底部的实体造型，如图 4-26 所示。

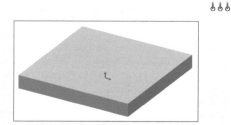

▶▶ 图 4-26　底部的实体造型

选择上表面创建草图，选择曲线→圆→圆心－半径，输入半径 14，完成圆的绘制，退出草图界面，选择特征→拉伸增料，输入固定深度 7，单击确定按钮，完成中间凸起部分的实体造型，如图 4-27 所示。

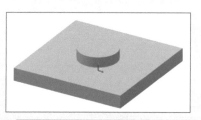

▶▶ 图 4-27　中间凸起部分的实体造型

选取底座的上表面创建草图，选择曲线→直线→水平＋铅垂，输入线的长度 100，绘制中心线，再选择圆→圆心－半径，输入半径 33.5，绘制圆，选择曲线与中心线的交点为圆心，输入半径 4，绘制圆。在中心线的下侧绘制同样尺寸的圆，单击确定按钮。将所有的辅助线删除，退出草图界面，选择特征→拉伸增料，输入深度 11，单击确定按钮，完成两侧立柱的实体造型。最后，根据图纸的技术要求完成各表面的曲面过渡，【001-2】号零件的实体造型如图 4-28 所示。

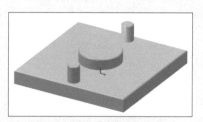

▶▶ 图 4-28　【001-2】号零件的实体造型

3.【002-1】号零件的实体造型

【002-1】号零件图如图 4-29 所示。

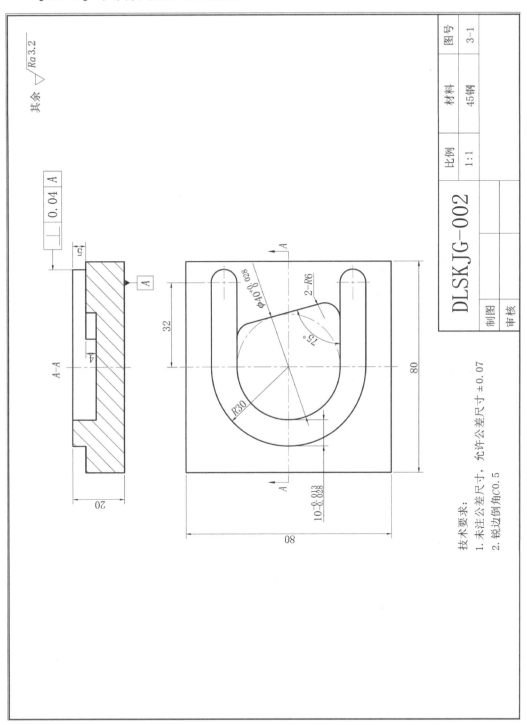

▶▶ 图 4-29 【002-1】号零件图

1）识读零件图

【002-1】号零件是尺寸为 $80 \times 80 \times 15$ 的立方体零件，顶部为 U 形凸台，凸台的高度为 5，中间凹槽深度为 4，一侧与 U 形凸台相切，另一侧为与水平线成 75° 夹角的斜线。

2）零件的实体造型

CAXA 制造工程师 2016 应用教程

选择平面 XY 创建草图，绘制底座，完成底座的实体造型，如图 4-30 所示。

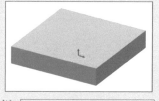

图 4-30　底座的实体造型

选择底座的上表面创建草图，完成 U 形凸台的曲线造型，如图 4-31 所示。

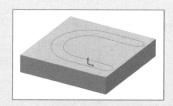

图 4-31　U 形凸台的曲线造型

退出草图界面，完成深度为 5 的 U 形凸台的实体造型，如图 4-32 所示。

图 4-32　U 形凸台的实体造型

零件图中的凹槽部分有一条与水平线成 75° 夹角的斜线，这条斜线与 $\phi40$ 圆相切。因此，在草图中绘制凹槽曲线时，应注意这一条件，也就是在绘制角度线时，一定要选择过 $\phi40$ 圆的切点，如图 4-33 所示。

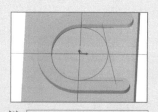

图 4-33　绘制凹槽草图

完成草图绘制，退出草图界面，选择拉伸除料→固定深度，输入深度 4，单击确定按钮，完成【002-1】号零件的实体造型，如图 4-34 所示。

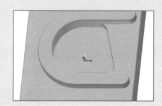

图 4-34　【002-1】号零件的实体造型

4. 【002-2】号零件的实体造型

【002-2】号零件图如图 4-35 所示。

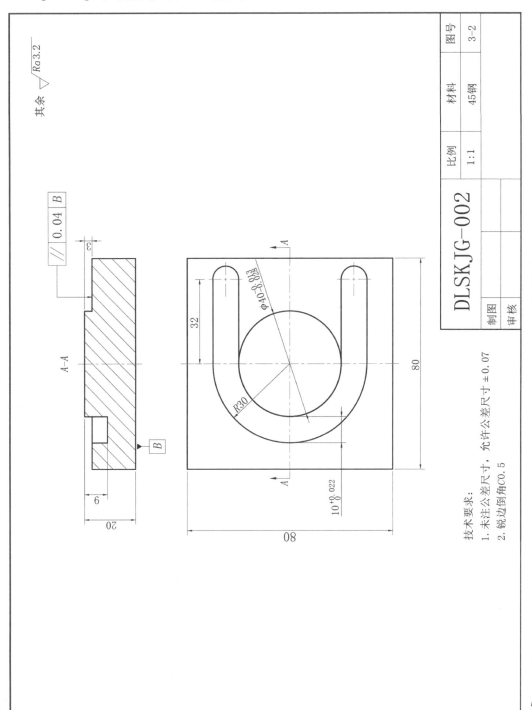

技术要求：
1. 未注公差尺寸，允许公差尺寸 ±0.07
2. 锐边倒角C0.5

	图号
	3-2
材料	45钢
比例	
1:1	

DLSKJG-002

制图	
审核	

其余 ▽Ra3.2

实体造型

课题四

1）识读零件图

零件的底座部分尺寸为 80×80×11。 中间凸台部分的直径为 40，高为 3，凸台的外侧是宽度为 10、深度为 9 的 U 形凹槽。

2）零件的实体造型

完成底座的实体造型，如图 4-36 所示。

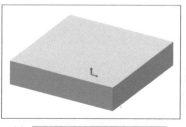

图 4-36　底座的实体造型

完成凸台的实体造型，如图 4-37 所示。

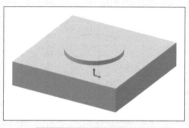

图 4-37　凸台的实体造型

完成 U 形凹槽的造型，【002-2】号零件的实体造型如图 4-38 所示。

图 4-38　【002-2】号零件的实体造型

5.【003-1】号零件的实体造型

【003-1】号零件图如图 4-39 所示。

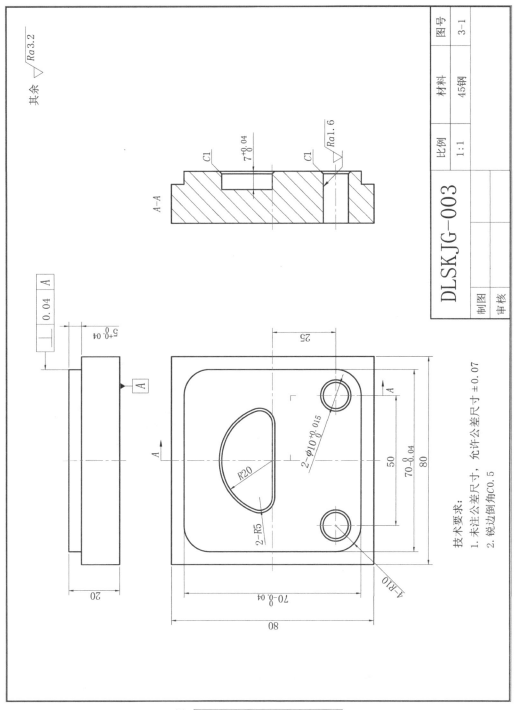

实体造型

图 4-39 【003-1】号零件图

1）识读零件图

零件的主体是立方体，底座尺寸为 $80 \times 80 \times 15$，凸台尺寸为 $70 \times 70 \times 5$，四周的圆弧过渡半径为 10，凸台中有两个距离为 50 的 $\phi 10$ 通孔，凸台的中心部位有一个 $R20$ 半圆盲孔，孔深为 7，两侧为 $R5$ 圆弧过渡。

2）零件的实体造型

首先，完成底座的实体造型，如图 4-40 所示。

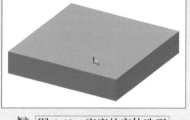

▶▶ 图 4-40　底座的实体造型

其次，完成凸台的实体造型，如图 4-41 所示。

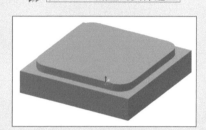

▶▶ 图 4-41　凸台的实体造型

再次，完成两侧通孔的实体造型，如图 4-42 所示。

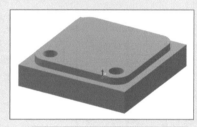

▶▶ 图 4-42　两侧通孔的实体造型

最后，完成中间半圆盲孔的实体造型并倒角，【003-1】号零件的实体造型如图 4-43 所示。

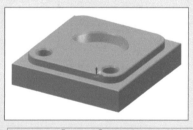

▶▶ 图 4-43　【003-1】号零件的实体造型

6. 【003-2】号零件的实体造型

【003-2】号零件图如图 4-44 所示。

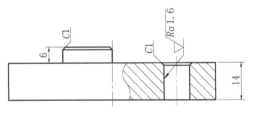

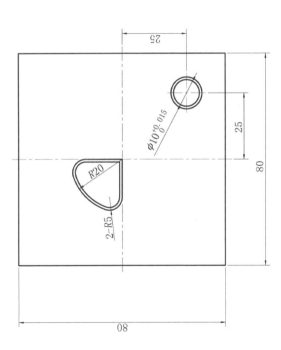

其余 ▽$\sqrt{Ra\,3.2}$

比例	材料	图号
1:1	45钢	3-2

DLSKJG-003

制图

审核

技术要求：
1. 未注公差尺寸，允许公差尺寸±0.07
2. 锐边倒角C0.5

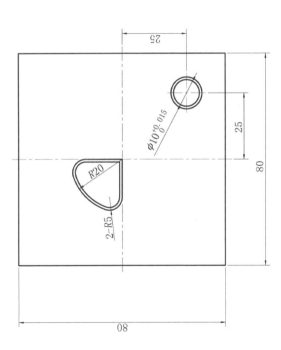

▶▶ 图4-44 【003-2】号零件图

1）识读零件图

零件为立方体，底座的尺寸为 $80 \times 80 \times 14$，凸台为四分之一圆柱，圆柱的直径为 40，高度为 6，右下侧有直径为 10 的通孔。

2）零件的实体造型

首先，完成底座的实体造型，如图 4-45 所示。

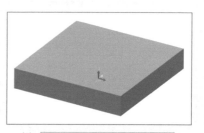

▶▶ 图 4-45　底座的实体造型

其次，完成凸台的实体造型，如图 4-46 所示。

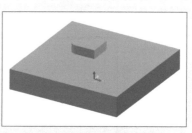

▶▶ 图 4-46　凸台的实体造型

最后，完成通孔的实体造型，【003-2】号零件的实体造型如图 4-47 所示。

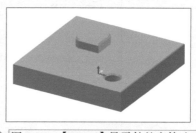

▶▶ 图 4-47　【003-2】号零件的实体造型

7.【004-1】号零件的实体造型

【004-1】号零件图如图 4-48 所示。

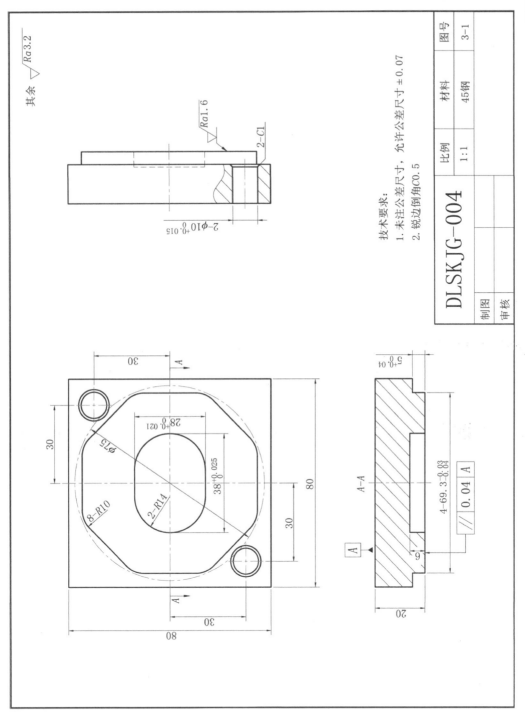

▶▶ 图4-48　【004-1】号零件图

1）识读零件图

零件的底座尺寸为 $80 \times 80 \times 15$，凸台为正六边形，外接圆的直径为75，高度为5，中间有深度为6的长圆孔，孔的长度为38，宽度为28。

2）零件的实体造型

首先，完成底座的实体造型，如图 4-49 所示。

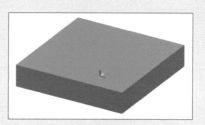

▐▶ 图 4-49 底座的实体造型

CAXA 制造工程师 2016 应用教程

其次，完成正六边形凸台的实体造型，如图 4-50 所示。

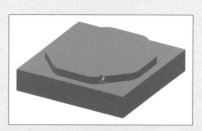

▐▶ 图 4-50 正六边形凸台的实体造型

再次，完成底座上表面两通孔的实体造型，如图 4-51 所示。

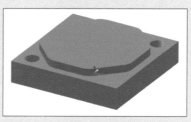

▐▶ 图 4-51 两通孔的实体造型

最后，完成中间长圆孔的实体造型，【004-1】号零件的实体造型如图 4-52 所示。

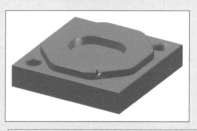

▐▶ 图 4-52 【004-1】号零件的实体造型

8.【004-2】号零件的实体造型

【004-2】号零件图如图 4-53 所示。

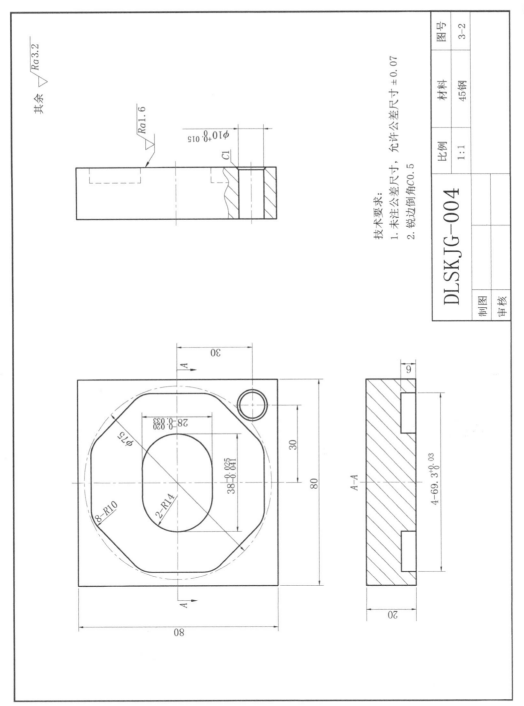

▶▶ 图 4-53 【004-2】号零件图

1）识读零件图

零件的底座尺寸为 $80 \times 80 \times 20$，中间有正六边形凹槽，凹槽外切圆的直径为 75，深度为 6，凹槽中间有凸台，凸台的两侧为 $R14$ 半圆，凸台的长度为 38，宽度为 28，高度为 6。

2）零件的实体造型

完成底座的实体造型，如图 4-54 所示。

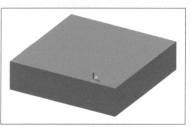

▶▶ 图 4-54　底座的实体造型

完成正六边形凹槽的实体造型，如图 4-55 所示。

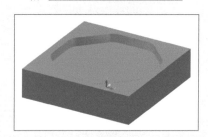

▶▶ 图 4-55　正六边形凹槽的实体造型

完成中间凸台的实体造型，如图 4-56 所示。

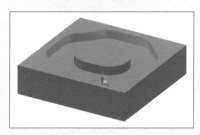

▶▶ 图 4-56　中间凸台的实体造型

完成通孔的实体造型，【004-2】号零件的实体造型如图 4-57 所示。

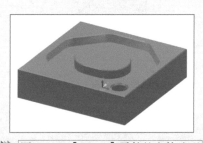

▶▶ 图 4-57　【004-2】零件的实体造型

通过以上零件的实体造型，读者能够进一步掌握实体造型工具的使用方法。　在实体造型工具的选用上，建议选择可以更便捷地完成实体造型的工具。

零件加工

　　CAXA 制造工程师 2016 是一款三维 CAD/CAM 软件，主要用于零件加工。下面通过几个高级工零件的加工案例，全面介绍该软件的建模方法、加工方式的选择、加工刀路的优化、G 代码的生成和加工程序的上传过程，使读者进一步了解该软件在机械零件加工过程中的应用。

一、【001-1】号零件的加工

1. 零件图

　　【001-1】号零件图如图 5-1 所示。

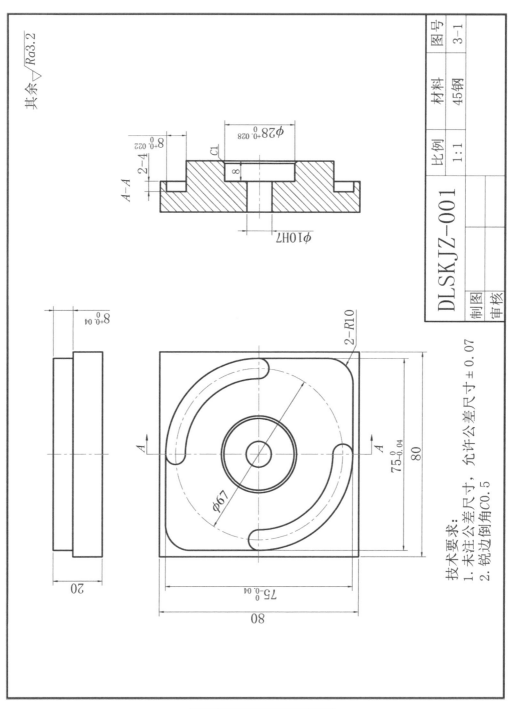

其余 ▽ Ra3.2

A—A

φ28 +0.028 / 0

8 +0.02 / 0

2—4

C1

8

φ10H7

	比例	材料	图号
DLSKJZ-001	1:1	45钢	3—1
制图			
审核			

2—R10

8 +0.04 / 0

φ67

75 0 / -0.04

80

20

75 0 / -0.04

80

A A

技术要求：
1. 未注公差尺寸，允许公差尺寸 ± 0.07
2. 锐边倒角C0.5

▶▶ 图 5-1 【001-1】号零件图

2. 零件加工内容分析

　　零件加工内容包括外凸台加工、腰形槽加工、型腔加工三部分。其中，外凸台的尺寸为 75×75×8，两侧过渡圆弧的半径为 10，大圆弧半径为 37.5。

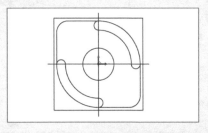

腰形槽的小圆弧半径为 29.5，槽宽为 8，深度为 4。

型腔的大圆直径为 28，深度为 8，通孔直径为 10，尺寸精度为 H7，通孔须铰削完成。

3. 刀具选择

刀具及用途见表 5-1。

表5-1　刀具及用途

刀　具	用　途
1 号刀具	ϕ16 立铣刀（两刃粗加工），用来铣削外凸台轮廓
2 号刀具	ϕ12 立铣刀（四刃精加工硬质合金），用于外凸台精加工
3 号刀具	ϕ10 立铣刀，用于型腔粗加工
4 号刀具	ϕ10 立铣刀（硬质合金），用于型腔精加工
5 号刀具	ϕ6 立铣刀（两刃粗加工），用于腰形槽粗加工。注意：本例腰形槽的宽度为4，由于是腔体加工，在刀具选择中，一定要选 $R \leqslant 4$ 的刀具，在这里选R3刀具可以保证加工要求，否则会产生过切现象
6 号刀具	ϕ6 立铣刀（四刃精加工硬质合金），用于腰形槽的精加工
7 号刀具	中心钻，为钻头进行定位，以防钻偏
8 号刀具	ϕ9.8 钻头，用于钻底孔。注意：由于孔的精度为 H7，须进行铰孔加工，底孔的直径一般小于图纸标注的尺寸，其目的是为下一步铰孔加工留出加工余量，所以这里选择 ϕ9.8 钻头
9 号刀具	ϕ10 铰刀，用于孔的精加工
10 号刀具	寻边器，其作用是建立工件坐标系，确定坐标原点
11 号刀具	倒角刀

4. 零件的建模

前面介绍了曲线、曲面和实体的建模方法，在运用 CAXA 制造工程师 2016 进行零件加工的过程中，需要建什么样的模型，如何建模，与零件的结构形状及加工方法有关。因此，在零件加工部分，采取边加工边介绍的方式，达到学以致用的效果。

根据【001-1】零件的结构特征，采用线框造型即可完成零件建模。

【001-1】号零件的建模结果如图 5-2 所示。

▶▶ 图 5-2　【001-1】号零件的建模结果

5. 零件的加工

1) 加工程序 1: 外凸台轮廓的粗加工

针对零件的结构形状，采用不同的加工方法，这里选择平面区域加工。

首先，选择 [二轴加工] →平面区域粗加工，如图 5-3 所示。

▶▶ 图 5-3　选择平面区域粗加工

弹出平面区域粗加工对话框，如图 5-4 所示。

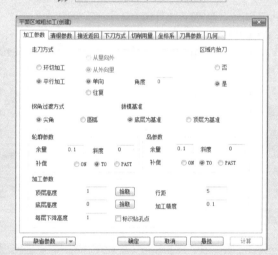

▶▶ 图 5-4　平面区域粗加工对话框

单击刀具参数选项卡，选择刀具类型为立铣刀，刀具号为 1，直径为 16，如图 5-5 所示。

▶▶ 图 5-5　设置刀具参数

单击加工参数选项卡，选择走刀方式为从外向里，轮廓参数中的余量为 0.1，补偿为 PAST（轮廓外侧），岛参数中的余量为 0.1，加工参数中的顶层高度为 0，底层高度为 -8，每层下降高度为 2，行距为 11（注意：行距一定要小于刀具直径，在零件加工中需要设置压刀量，否则会出现部分未加工的现象），如图 5-6 所示。

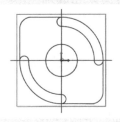

▶▶ 图 5-6　设置加工参数

单击确定按钮，在软件界面左下角的命令行中出现拾取外轮廓曲线的提示。在拾取过程中，出现拾取方向，可选择顺时针拾取方向，完成外轮廓曲线的拾取，如图 5-7 所示。

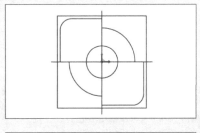

▶▶ 图 5-7　拾取外轮廓曲线

在软件界面左下角的命令行中出现拾取岛屿曲线的提示。在腰形槽的加工中，与外凸台相连的是腰形槽的内轮廓，因此，为了提高加工效率，在选择岛屿（不加工区域）时，可对岛屿曲线进行调整，先隐藏部分曲线，再进行曲线裁剪，如图 5-8 所示。

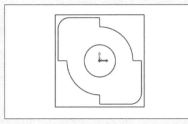

▶▶ 图 5-8　隐藏部分曲线及零件岛屿曲线的调整

CAXA 制造工程师 2016 应用教程

完成岛屿曲线的调整后，选择加工→二轴加工→平面区域粗加工，弹出相应的对话框，单击确定按钮，选取外轮廓线，选择顺时针方向并右击，然后选取岛屿曲线，选择顺时针方向并右击，完成粗加工刀路轨迹的生成，如图 5-9 所示。

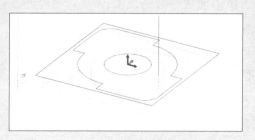

▶▶ 图 5-9　完成粗加工刀路轨迹的生成

从刀路轨迹曲线可以看出，在进行岛屿轮廓加工时，出现了干涉现象，因此，双击轨迹管理目录中的加工参数，弹出平面区域粗加工对话框，将岛参数的补偿改为 TO，如图 5-10 所示。

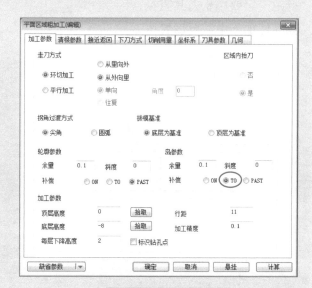

▶▶ 图 5-10　修改加工参数

单击确定按钮，弹出提示对话框，确认重新生成刀具轨迹，如图 5-11 所示。

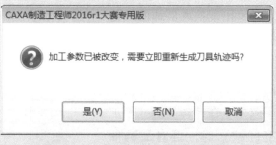

▶▶ 图 5-11　确认重新生成刀具轨迹

系统生成新的刀具轨迹，如图 5-12 所示。 这时可以看出，岛屿轮廓加工不会发生干涉。

图 5-12　生成新的刀具轨迹

选择轨迹管理目录，双击毛坯，弹出毛坯定义对话框，如图 5-13 所示。

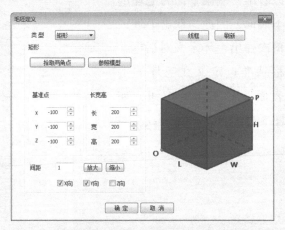

图 5-13　毛坯定义对话框

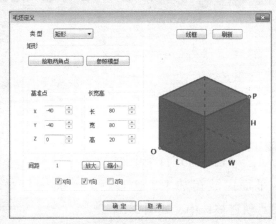

单击拾取两角点按钮，选择对角线上的两点，并设定毛坯高度为 20，单击确定按钮，如图 5-14 所示。

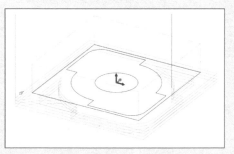

图 5-14　设置毛坯参数

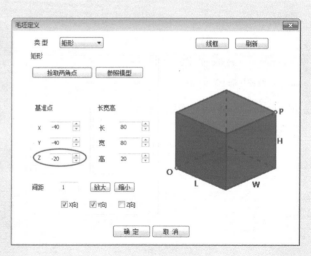

从毛坯生成曲线中可以看出，基准平面为毛坯的下表面，因此，双击毛坯，再次弹出毛坯定义对话框，将基准点定义在毛坯的上表面，单击确定按钮，如图 5-15 所示。

▶▶ 图 5-15　将基准点定义在毛坯的上表面

选择轨迹管理目录中的 1- 平面区域粗加工，这时刀具轨迹被选中，如图 5-16 所示。

▶▶ 图 5-16　刀具轨迹被选中

CAXA 制造工程师 2016 应用教程

打开实体仿真界面，如图 5-17 所示。

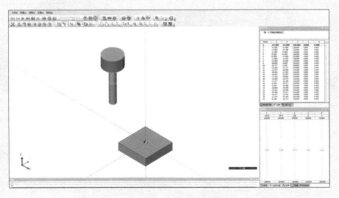

▶▶ 图 5-17 实体仿真界面

单击前进按钮，进入刀具的实体仿真，如图 5-18 所示。

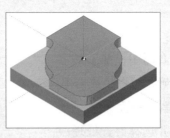

▶▶ 图 5-18 刀具的实体仿真

从仿真结果可以看出，零件的加工不完全。 打开平面区域粗加工对话框，单击清根参数选项卡，选择清根，重新生成刀路轨迹，如图 5-19 所示。 清根后的刀路轨迹如图 5-20 所示。

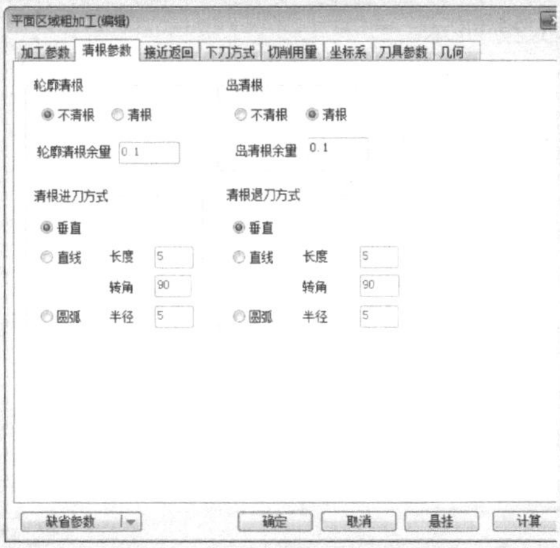

▶▶ 图 5-19 设置清根参数

▶▶ 图 5-20 清根后的刀路轨迹

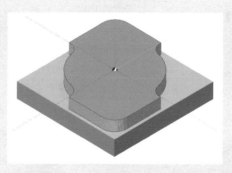

▶▶ 图 5-21　清根后的刀具实体仿真

重新进行实体仿真，结果如图 5-21 所示。

在仿真图中，加工的零件轮廓正确，可以生成 G 代码。选择 1- 平面区域粗加工，右击并选择后置处理→生成 G 代码，弹出的对话框如图 5-22 所示。

▶▶ 图 5-22　生成后置代码对话框

单击代码文件按钮，选择代码保存位置，如图 5-23 所示。

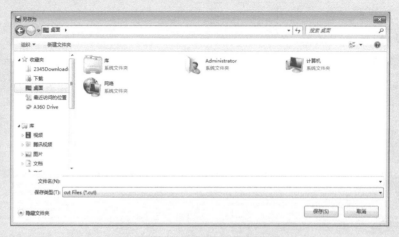

▶▶ 图 5-23　选择代码保存位置

单击保存按钮，回到刀具轨迹界面，单击确定按钮，打开加工程序，如图5-24所示。

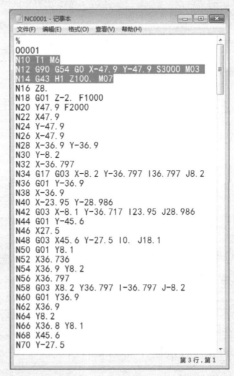

```
NC0001 - 记事本
文件(F)  编辑(E)  格式(O)  查看(V)  帮助(H)
%
00001
N10 T1 M6
N12 G90 G54 G0 X-47.9 Y-47.9 S3000 M03
N14 G43 H1 Z100. M07
N16 Z8.
N18 G01 Z-2. F1000
N20 Y47.9 F2000
N22 X47.9
N24 Y-47.9
N26 X-47.9
N28 X-36.9 Y-36.9
N30 Y-8.2
N32 X-36.797
N34 G17 G03 X-8.2 Y-36.797 I36.797 J8.2
N36 G01 Y-36.9
N38 X-36.9
N40 X-23.95 Y-28.986
N42 G03 X-8.1 Y-36.717 I23.95 J28.986
N44 G01 Y-45.6
N46 X27.5
N48 G03 X45.6 Y-27.5 I0. J18.1
N50 G01 Y8.1
N52 X36.736
N54 X36.9 Y8.2
N56 X36.797
N58 G03 X8.2 Y36.797 I-36.797 J-8.2
N60 G01 Y36.9
N62 X36.9
N64 Y8.2
N66 X36.8 Y8.1
N68 X45.6
N70 Y-27.5
                                        第 1 行，第 1
```

▶▶ 图 5-24　加工程序

检查程序的开头、结尾及刀具号和刀具补偿号正确与否，如图5-25所示。

确认程序正确后，保存文件，文件名为NC0001。

```
NC0001 - 记事本
文件(F)  编辑(E)  格式(O)  查看(V)  帮助(H)
%
00001
N10 T1 M6
N12 G90 G54 G0 X-47.9 Y-47.9 S3000 M03
N14 G43 H1 Z100. M07
N16 Z8.
N18 G01 Z-2. F1000
N20 Y47.9 F2000
N22 X47.9
N24 Y-47.9
N26 X-47.9
N28 X-36.9 Y-36.9
N30 Y-8.2
N32 X-36.797
N34 G17 G03 X-8.2 Y-36.797 I36.797 J8.2
N36 G01 Y-36.9
N38 X-36.9
N40 X-23.95 Y-28.986
N42 G03 X-8.1 Y-36.717 I23.95 J28.986
N44 G01 Y-45.6
N46 X27.5
N48 G03 X45.6 Y-27.5 I0. J18.1
N50 G01 Y8.1
N52 X36.736
N54 X36.9 Y8.2
N56 X36.797
N58 G03 X8.2 Y36.797 I-36.797 J-8.2
N60 G01 Y36.9
N62 X36.9
N64 Y8.2
N66 X36.8 Y8.1
N68 X45.6
N70 Y-27.5
                                        第 3 行，第 1
```

▶▶ 图 5-25　检查加工程序

单击该软件的图标，打开系统菜单，如图 5-26 所示。

文件	▶	标准本地通信	▶
编辑	▶	华中数控通信	▶
显示	▶	启动CAXA网络DNC	
造型	▶		
加工	▶		
通信	▶		
工具	▶		
设置	▶		
帮助	▶		

⚙ 系统设置(Y)　　退出(X)Alt+X

▶▶ 图 5-26　系统菜单

选择通信→标准本地通信→发送，弹出发送代码对话框，如图 5-27 所示。

发送代码

准备发送的代码文件：　　　　　　　　代码文件...

C:\Users\Administrator\Desktop\NC0001.cut

选择设备
Fanuc
fanuc_net
GSK980TD
Gsk983M-h
Gsk983Ma
Siemens
Siemens828d
Siemens828D_NET

当前传输使用的设备：
Fanuc

确定　　　取消

▶▶ 图 5-27　发送代码对话框

C 盘中的 NC0001 文件即生成的 G 代码，单击确定按钮，弹出发送进度对话框，如图 5-28 所示。

单击继续按钮，完成文件的发送。

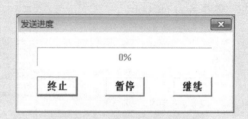

发送进度

0%

终止　　暂停　　继续

▶▶ 图 5-28　发送进度对话框

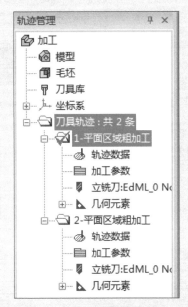

复制加工轨迹，如图 5-29 所示。

▶▶ 图 5-29　复制加工轨迹

双击复制的加工轨迹，修改加工参数，将轮廓参数的余量设为 0，岛参数的余量设为 0，每层下降高度设为 8，如图 5-30 所示。

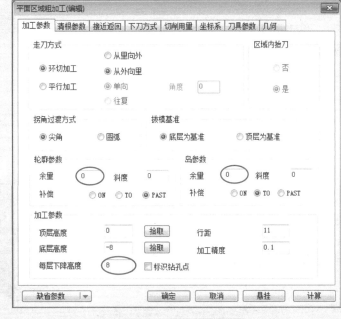

▶▶ 图 5-30　修改加工参数

单击刀具参数选项卡，修改刀具号为2，直径为12，如图5-31所示。

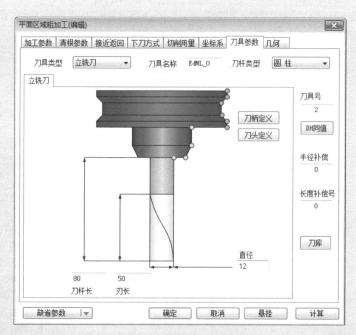

▶▶ 图 5-31　修改刀具参数

单击确定按钮，生成刀具轨迹，如图5-32所示。

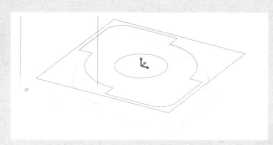

▶▶ 图 5-32　生成刀具轨迹

进行实体仿真，结果如图 5-33 所示。

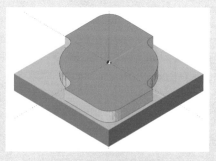

▶▶ 图 5-33　实体仿真结果

生成G代码，完成程序的修改，检查刀具号、刀具补偿号的正确性，保存加工程序，完成程序发送。外凸台轮廓精加工程序如图5-34所示。

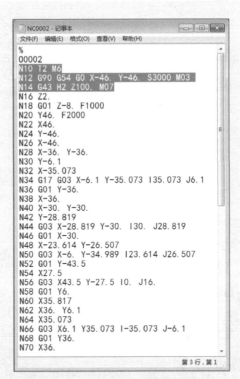

```
NC0002 - 记事本
文件(F)  编辑(E)  格式(O)  查看(V)  帮助(H)
%
O0002
N10 T2 M6
N12 G90 G54 G0 X-46. Y-46. S3000 M03
N14 G43 H2 Z100. M07
N16 Z2.
N18 G01 Z-8. F1000
N20 Y46. F2000
N22 X46.
N24 Y-46.
N26 X-46.
N28 X-36. Y-36.
N30 Y-6.1
N32 X-35.073
N34 G17 G03 X-6.1 Y-35.073 I35.073 J6.1
N36 G01 Y-36.
N38 X-36.
N40 X-30. Y-30.
N42 Y-28.819
N44 G03 X-28.819 Y-30. I30. J28.819
N46 G01 X-30.
N48 X-23.614 Y-26.507
N50 G03 X-6. Y-34.989 I23.614 J26.507
N52 G01 Y-43.5
N54 X27.5
N56 G03 X43.5 Y-27.5 I0. J16.
N58 G01 Y6.
N60 X35.817
N62 X36. Y6.1
N64 X35.073
N66 G03 X6.1 Y35.073 I-35.073 J-6.1
N68 G01 Y36.
N70 X36.
                                    第3行，第1
```

▶▶ 图5-34　外凸台轮廓精加工程序

3）加工程序3：第一个腰形槽的粗加工

隐藏外凸台轮廓加工轨迹，将隐藏的腰形槽轮廓线变为可见。选择常用→可见，即可显示腰形槽轮廓线，如图5-35所示。

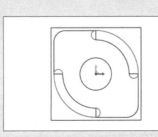

▶▶ 图5-35　显示腰形槽轮廓线

隐藏外凸台轮廓线，如图5-36所示。

▶▶ 图5-36　隐藏外凸台轮廓线

选择平面区域
粗加工，进行加工
参数及刀具参数设
置。注意：由于是
槽加工，所以选择
从里向外加工，加
工的深度由零件尺
寸决定，加工刀具
与前述刀具相同，
如图 5-37 所示。

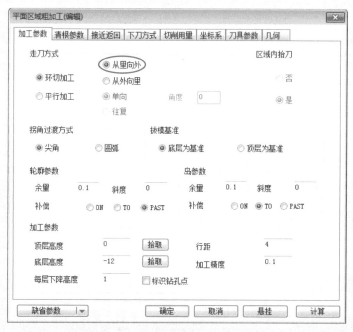

▶▶ 图 5-37　腰形槽加工参数及刀具参数设置

生成的加工轨迹如图 5-38 所示。由加工轨迹可以看出，出现了过切现象，须重新设置参数。

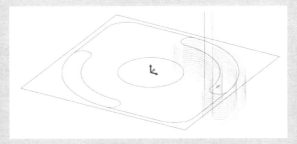

▶▶ 图 5-38　加工轨迹

将加工参数中轮廓参数的补偿设为 TO，单击确定按钮，如图 5-39 所示。

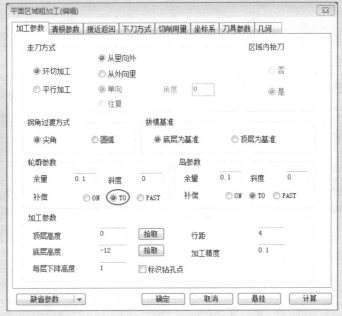

▶▶ 图 5-39　修改加工参数

此时的刀具轨迹是正确的，但是，在槽加工中，通常不能进行垂直下刀操作。因此，还要修改加工下刀方式，选择螺旋，接近方式选择强制，如图 5-40 所示。

▶▶ 图 5-40　修改下刀方式及接近方式

单击确定按钮，可观察到加工轨迹正确，如图 5-41 所示。

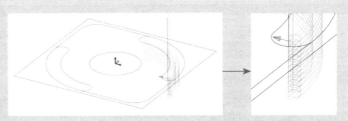

▶▶ 图 5-41　加工轨迹正确

实体仿真如图 5-42 所示。

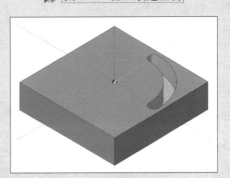

▶▶ 图 5-42　实体仿真

生成的加工程序如图 5-43 所示，将程序上传至机床进行切削加工。

▶▶ 图 5-43　生成加工程序

4）加工程序 4：第二个腰形槽的粗加工

选择加工→平面区域粗加工，选取加工曲线，选择顺时针加工方向，单击确定按钮，生成粗加工轨迹，如图 5-44 所示。

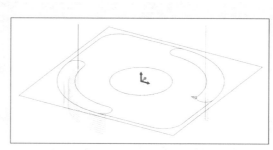

▶▶ 图 5-44　第二个腰形槽粗加工轨迹

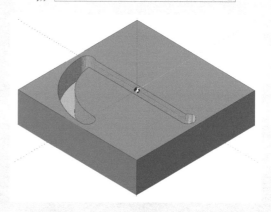

▶▶ 图 5-45　第二个腰形槽实体仿真结果

进行实体仿真，结果如图 5-45 所示。从仿真结果中可以看出，刀具轨迹出现了问题，须重新设置参数。

设置第二个腰形槽加工的接近方式，重新拾取点，如图 5-46 所示。

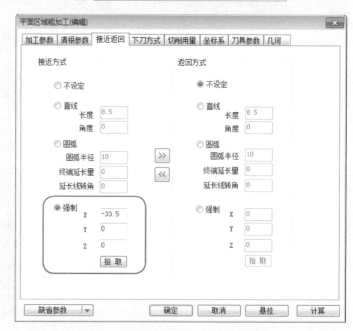

▶▶ 图 5-46　设置第二个腰形槽加工的接近方式

单击确定按钮，重新生成加工轨迹，如图5-47所示。

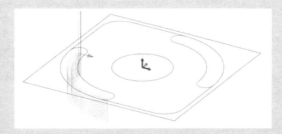

▶▶ 图 5-47　修正后的加工轨迹

进行实体仿真，结果如图5-48所示。

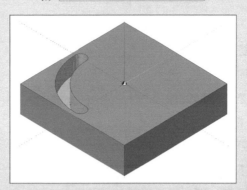

▶▶ 图 5-48　修正后的实体仿真结果

生成加工程序（图5-49），完成程序的检查，保存程序并将程序上传至机床进行切削加工。

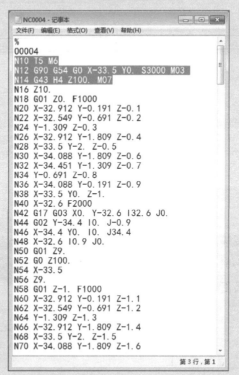

▶▶ 图 5-49　第二个腰形槽的加工程序

5）加工程序 5：腰形槽的精加工

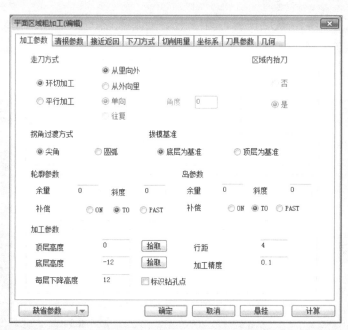

复制腰形槽的粗加工轨迹，进行参数设置。 注意： 精加工为一次走刀，刀具号为6。 腰型槽精加工参数设置如图 5-50 所示。

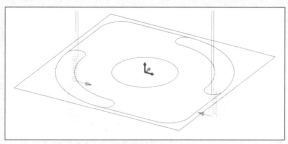

▶▶ 图 5-50　腰形槽精加工参数设置

实体仿真结果如图 5-51 所示，仿真结果正确。

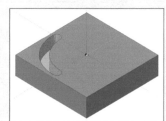 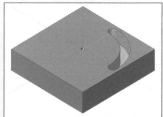

▶▶ 图 5-51　实体仿真结果

同时拾取平面区域粗加工轨迹 5 和 6，生成精加工程序，如图 5-52 所示。这里将两个腰形槽的精加工程序在一个文件中输出。检查程序时，要注意两段程序的衔接部分是否正确。确认程序正确后，保存程序，将程序上传至机床进行切削加工。

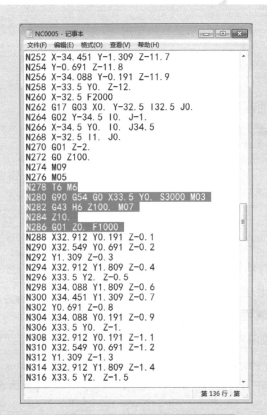

```
NC0005 - 记事本
文件(F) 编辑(E) 格式(O) 查看(V) 帮助(H)
N252 X-34.451 Y-1.309 Z-11.7
N254 Y-0.691 Z-11.8
N256 X-34.088 Y-0.191 Z-11.9
N258 X-33.5 Y0. Z-12.
N260 X-32.5 F2000
N262 G17 G03 X0. Y-32.5 I32.5 J0.
N264 G02 Y-34.5 I0. J-1.
N266 X-34.5 Y0. I0. J34.5
N268 X-32.5 I1. J0.
N270 G01 Z-2.
N272 G0 Z100.
N274 M09
N276 M05
N278 T6 M6
N280 G90 G54 G0 X33.5 Y0. S3000 M03
N282 G43 H6 Z100. M07
N284 Z10.
N286 G01 Z0. F1000
N288 X32.912 Y0.191 Z-0.1
N290 X32.549 Y0.691 Z-0.2
N292 Y1.309 Z-0.3
N294 X32.912 Y1.809 Z-0.4
N296 X33.5 Y2. Z-0.5
N298 X34.088 Y1.809 Z-0.6
N300 X34.451 Y1.309 Z-0.7
N302 Y0.691 Z-0.8
N304 X34.088 Y0.191 Z-0.9
N306 X33.5 Y0. Z-1.
N308 X32.912 Y0.191 Z-1.1
N310 X32.549 Y0.691 Z-1.2
N312 Y1.309 Z-1.3
N314 X32.912 Y1.809 Z-1.4
N316 X33.5 Y2. Z-1.5
```
第 136 行，第

▶▶ 图 5-52　两个腰形槽的精加工程序

6）加工程序 6：型腔的粗加工

选择平面区域粗加工，进行参数设置。型腔的加工深度为 8，选择 3 号立铣刀。型腔加工参数设置如图 5-53 所示。

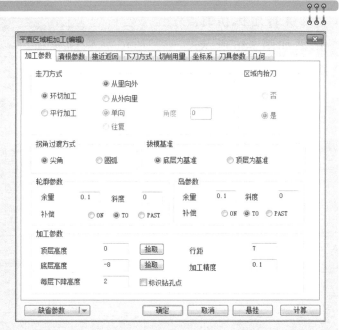

```
平面区域粗加工(编辑)

加工参数  清根参数  接近返回  下刀方式  切削用量  坐标系  刀具参数  几何

走刀方式                                    区域内抬刀
                ◉ 从里向外
◉ 环切加工      ◯ 从外向里                    ◯ 否
◯ 平行加工      ◯ 单向      角度  0
                ◯ 往复                       ◉ 是

拐角过渡方式              拔模基准
◉ 尖角    ◯ 圆弧      ◉ 底层为基准    ◯ 顶层为基准

轮廓参数                  岛参数
余量  0.1   斜度  0      余量  0.1   斜度  0
补偿  ◯ON ◉TO ◯PAST    补偿  ◯ON ◉TO ◯PAST

加工参数
顶层高度    0      拾取      行距      7
底层高度    -8     拾取      加工精度   0.1
每层下降高度  2     ☐ 标识钻孔点

缺省参数 ▼          确定    取消    悬挂    计算
```

▶▶ 图 5-53　型腔加工参数设置

单击确定按钮，拾取曲线轮廓，生成加工轨迹，如图 5-54 所示。

▶▶ 图 5-54　生成型腔加工轨迹

从加工轨迹中可看出，轨迹的接近返回参数出现了问题，须重新拾取强制点。 对于腔体加工，可拾取坐标原点，修正后的加工轨迹如图 5-55 所示。

▶▶ 图 5-55　修正后的加工轨迹

进行实体仿真，结果如图 5-56 所示，从结果可看出加工轨迹正确。

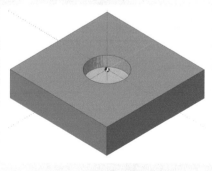

▶▶ 图 5-56　实体仿真结果

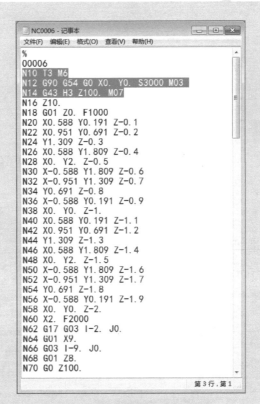

生成的加工程序如图 5-57 所示。 检查程序后保存, 将程序上传至机床进行切削加工。

▶▶ 图 5-57 型腔粗加工程序

7) 加工程序 7: 型腔的精加工

复制型腔粗加工轨迹, 设置加工参数, 每层下降高度为 8, 一次下切完成, 刀具号为 4。 型腔精加工参数设置如图 5-58所示。

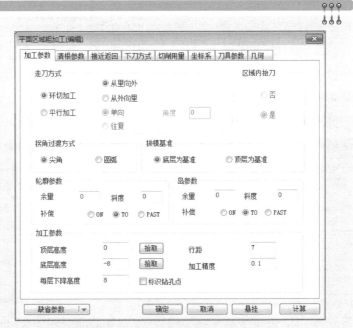

▶▶ 图 5-58 型腔精加工参数设置

生成型腔精加
工轨迹，如图 5-59
所示。

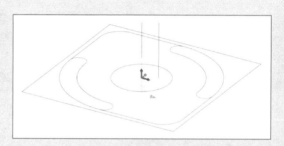

▶▶ 图 5-59　型腔精加工轨迹

进行实体仿
真，结果如图 5-60
所示。

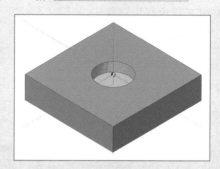

▶▶ 图 5-60　型腔的实体仿真结果

生成加工程序，
检查程序后保存，
将程序上传至机床
进行切削加工。型
腔精加工程序如图
5-61 所示。

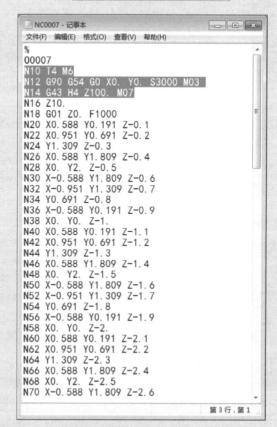

```
% 
00007
N10 T4 M6
N12 G90 G54 G0 X0. Y0. S3000 M03
N14 G43 H4 Z100. M07
N16 Z10.
N18 G01 Z0. F1000
N20 X0.588 Y0.191 Z-0.1
N22 X0.951 Y0.691 Z-0.2
N24 Y1.309 Z-0.3
N26 X0.588 Y1.809 Z-0.4
N28 X0. Y2. Z-0.5
N30 X-0.588 Y1.809 Z-0.6
N32 X-0.951 Y1.309 Z-0.7
N34 Y0.691 Z-0.8
N36 X-0.588 Y0.191 Z-0.9
N38 X0. Y0. Z-1.
N40 X0.588 Y0.191 Z-1.1
N42 X0.951 Y0.691 Z-1.2
N44 Y1.309 Z-1.3
N46 X0.588 Y1.809 Z-1.4
N48 X0. Y2. Z-1.5
N50 X-0.588 Y1.809 Z-1.6
N52 X-0.951 Y1.309 Z-1.7
N54 Y0.691 Z-1.8
N56 X-0.588 Y0.191 Z-1.9
N58 X0. Y0. Z-2.
N60 X0.588 Y0.191 Z-2.1
N62 X0.951 Y0.691 Z-2.2
N64 Y1.309 Z-2.3
N66 X0.588 Y1.809 Z-2.4
N68 X0. Y2. Z-2.5
N70 X-0.588 Y1.809 Z-2.6
```

▶▶ 图 5-61　型腔精加工程序

8）加工程序 8：中心孔的加工

选择孔加工，进行加工参数及刀具参数设置，如图 5-62 所示。注意：中心孔的钻孔深度设为 3，中心孔的直径设为 3。

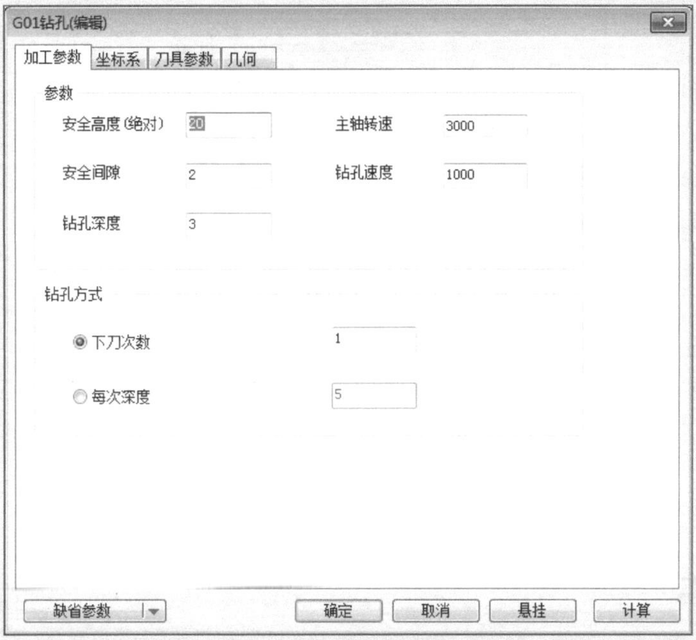

G01钻孔(编辑)

加工参数　坐标系　刀具参数　几何

参数

安全高度(绝对)　30　　　　主轴转速　3000

安全间隙　2　　　　钻孔速度　1000

钻孔深度　3

钻孔方式

◉ 下刀次数　　　　1

◯ 每次深度　　　　5

缺省参数　｜▼　　　　确定　取消　悬挂　计算

▶▶ 图 5-62　孔加工参数设置

生成加工轨迹，如图 5-63 所示。

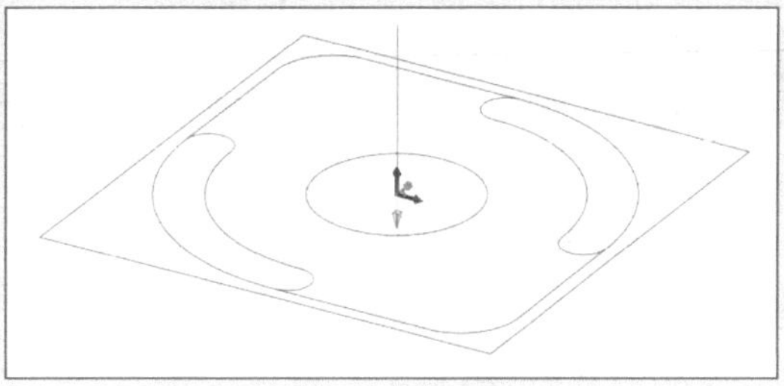

▶▶ 图 5-63　中心孔的加工轨迹

实体仿真结果如图 5-64 所示。

▶▶ 图 5-64　中心孔实体仿真结果

课题五

零件加工

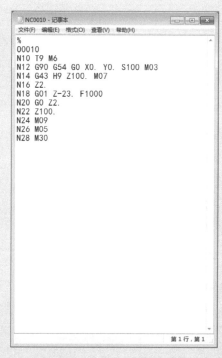

```
NC0010 - 记事本
文件(F)  编辑(E)  格式(O)  查看(V)  帮助(H)
%
O0010
N10 T9 M6
N12 G90 G54 G0 X0. Y0. S100 M03
N14 G43 H9 Z100. M07
N16 Z2.
N18 G01 Z-23. F1000
N20 G0 Z2.
N22 Z100.
N24 M09
N26 M05
N28 M30
```

第 1 行，第 1

生成加工程序，检查加工程序并保存，将程序上传至机床进行加工。中心孔的加工程序如图 5-65 所示。

▶▶ 图 5-65　中心孔的加工程序

9）加工程序 9：通孔的加工

复制中心孔的加工轨迹，设置加工参数，钻孔深度为 23，钻头的直径为 9.8，刀具号为 8，单击确定按钮，生成通孔加工轨迹，如图 5-66 所示。

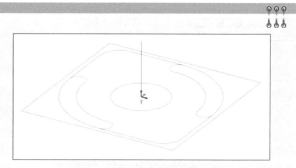

▶▶ 图 5-66　通孔加工轨迹

通孔实体仿真结果如图 5-67 所示。

▶▶ 图 5-67　通孔实体仿真结果

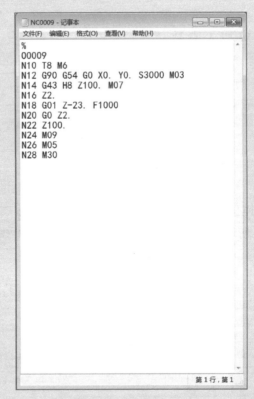

生成加工程序，检查加工程序并保存，将程序上传至机床进行加工。通孔加工程序如图 5-68 所示。

图 5-68　通孔加工程序

10）加工程序 10：铰孔加工

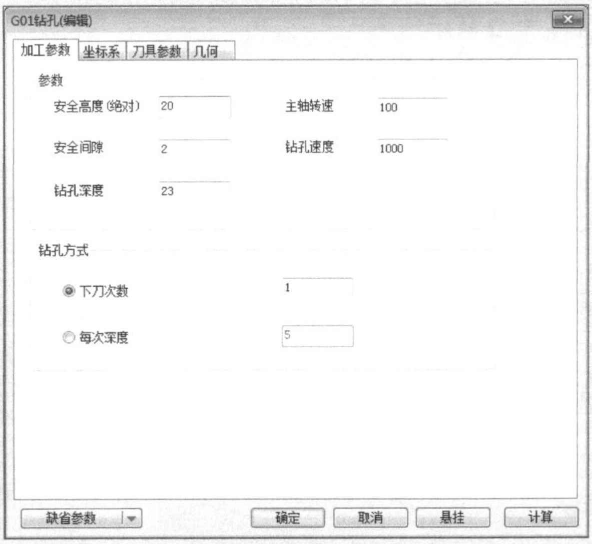

进行铰孔加工参数设置，如图 5-69 所示。在设置参数时注意，主轴转速需要降低，可设置为 100，刀具号为 9，刀具直径为 10。

图 5-69　铰孔加工参数设置

完成加工参数设置后，单击确定按钮，生成加工轨迹，如图 5-70 所示。

图 5-70　铰孔加工轨迹

实体仿真结果如图 5-71 所示。

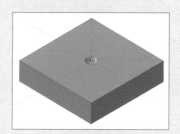

图 5-71　铰孔的实体仿真结果

生成加工程序，检查程序并保存，将程序上传至机床进行加工。铰孔加工程序如图 5-72 所示。

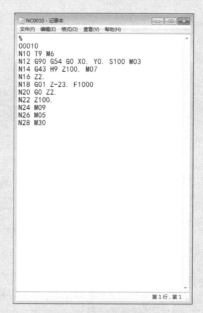

图 5-72　铰孔加工程序

选中所有的加工程序，进行实体仿真，结果如图 5-73所示。

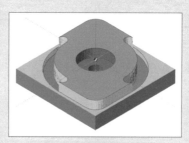

图 5-73　【001-1】号零件的实体仿真结果

通过【001-1】号零件的加工，能使读者从实战的角度学习 CAXA 制造工程师 2016，从而做到学以致用。

二、【001-2】号零件的加工

1. 零件图

【001-2】号零件图如图 5-74 所示。

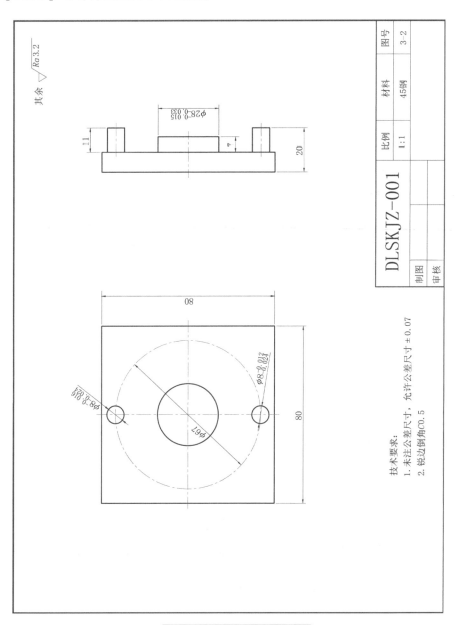

▶▶ 图 5-74 【001-2】号零件图

2. 零件加工内容分析

因为多个凸台的高度不同，所以粗加工要分为多道工序，首先加工上下两个高度为 4、直径为 8 的圆柱，然后加工其余部分。 精加工分为平面和侧壁的加工，先加工平面（上下表面），再加工侧壁（凸台的侧面）。

3. 刀具选择

刀具及用途见表 5-2。

表5-2　刀具及用途

刀　具	用　途
1号刀具	ϕ16立铣刀（两刃粗加工），用来铣削凸台轮廓
2号刀具	ϕ12立铣刀（两刃粗加工），用来铣削凸台轮廓
3号刀具	ϕ12立铣刀（四刃精加工硬质合金），进行凸台与表面精加工
4号刀具	ϕ10立铣刀（硬质合金），进行型腔精加工
5号刀具	ϕ6倒角刀

4. 零件的建模

【001-2】号零件的建模结果如图 5-75 所示。

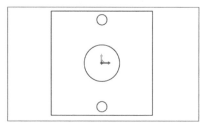

▶▶ 图 5-75　【001-2】号零件的建模结果

5. 零件的加工

1）加工程序 1：顶层凸台粗加工

选择二轴加工→平面区域粗加工，弹出平面区域粗加工对话框。

打开刀具参数选项卡，将 1 号刀具设为 ϕ16 立铣刀，如图 5-76 所示。

打开加工参数选项卡，选择走刀方式为从外向里，轮廓参数中的余量为0.1，补偿为PAST，岛参数中的余量为0.1，补偿为TO，加工参数中的顶层高度为0，底层高度为-3.9（计算凸台之间的高度差并留出0.1的余量，以便精加工上表面），每层下降高度为2，行距为11，如图5-76所示。

选择清根参数选项卡，选择岛清根，清根余量为0.1。

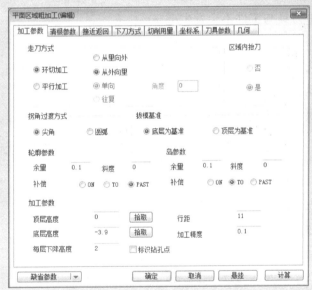

▶▶ 图 5-76 刀具参数及加工参数设置

单击确定按钮，拾取轮廓曲线和岛屿曲线，如图5-77所示。

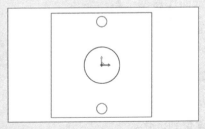

▶▶ 图 5-77 拾取轮廓曲线和岛屿曲线

零件加工

生成的加工轨迹如图5-78所示。 观察加工轨迹，发现在下刀过程中刀具紧贴着毛坯边缘，容易发生碰撞。

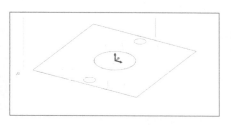

▶▶ 图 5-78　生成的加工轨迹

打开接近返回选项卡，在接近方式中选择直线并设置长度为9（此数值应略大于所选用刀具半径，以确保在下刀过程中刀具与工件不会发生碰撞），可以单击 `>>` 或 `<<` 按钮将接近方式的参数和返回方式的参数互相转换，如图5-79所示。

▶▶ 图 5-79　修正参数

重新生成加工轨迹后发现刀路并无太大变化，原因是选取的轮廓曲线方向出了问题。

打开几何选项卡，删除之前选择的轮廓曲线，再单击轮廓曲线按钮，重新选取外轮廓（方向为逆时针），然后重新生成加工轨迹，如图5-80所示。仔细观察加工轨迹可以发现下刀位置得到优化。

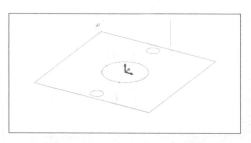

▶▶ 图 5-80　重新生成加工轨迹

2）加工程序 2：其余凸台粗加工

打开加工参数选项卡，设置加工参数中的顶层高度为 -3.9，底层高度为 -10.9（留有 0.1 的余量）；打开几何选项卡，单击岛屿曲线添加中心 $\phi 28$ 圆。重新生成加工轨迹，如图 5-81 所示。

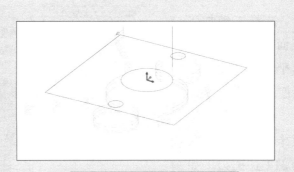

▶▶ 图 5-81　加工程序 2 的加工轨迹

观察加工轨迹发现，选择岛屿清根，凸台加工也不完全。这是由于两圆间隔不足，刀具通过时会发生过切。为了避免这种情况，应选用直径小一点的刀具。因此，设置 2 号刀具为 $\phi 12$ 立铣刀，如图 5-82 所示。重新生成的加工轨迹如图 5-83 所示。

▶▶ 图 5-82　更改刀具

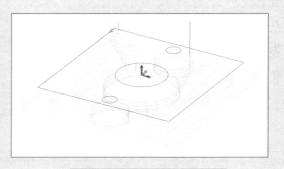

▶▶ 图 5-83　重新生成的加工轨迹

3）加工程序 3：φ28 凸台上表面精加工

选择二轴加工→平面区域粗加工，弹出平面区域粗加工对话框。

打开刀具参数选项卡，将 3 号刀具设为 φ12 立铣刀，如图5-84 所示。打开加工参数选项卡，选择走刀方式为从外向里，轮廓参数中的余量为0.1，补偿为 PAST，顶层高度为 -3，底层高度为 -4（根据实际情况调整，达到图纸要求），每层下降高度为2，行距为 8，单击确定按钮，拾取轮廓曲线中心的圆（方向为逆时针），生成加工轨迹，如图 5-85 所示。

精加工底面，复制加工程序 2，选择 3号刀具，将顶层高度改为 -10，底层高度改为 -11，生成加工轨迹，如图 5-86 所示。

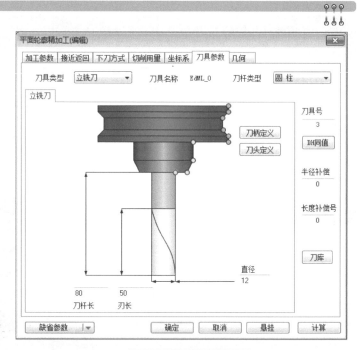

▶▶ 图 5-84　刀具参数设置

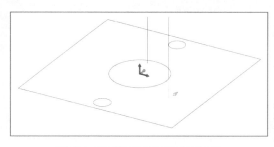

▶▶ 图 5-85　上表面精加工轨迹

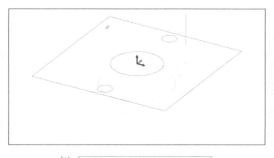

▶▶ 图 5-86　底面精加工轨迹

4）加工程序4：侧壁（1）精加工——中心φ28凸台侧壁加工

选择二轴加工→平面轮廓精加工，弹出平面轮廓精加工对话框。

打开刀具参数选项卡，选择3号刀（φ12立铣刀）。如图5-87所示，打开加工参数选项卡，修改顶层高度为-4，底层高度为-11，每层下降高度为3.5（使每层切削量一致），走刀方式为单向，偏移类型为TO，加工余量为0（根据实际情况调整，达到图纸要求）。

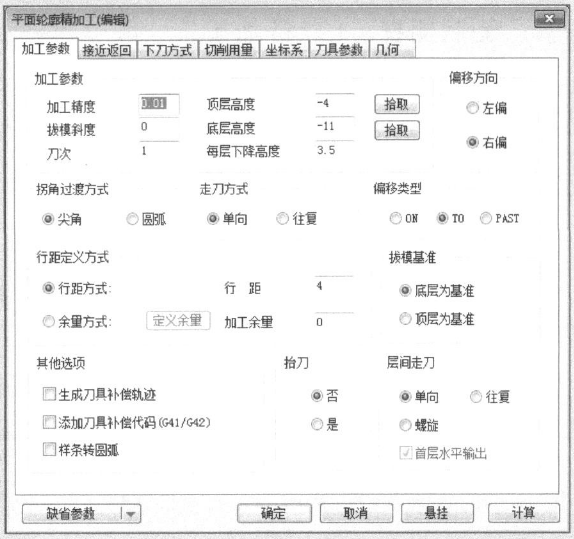

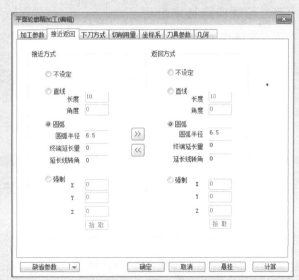

▶▶ 图5-87 加工参数设置

打开接近返回选项卡，将接近方式和返回方式改为圆弧，圆弧半径为6.5，如图5-88所示。单击确定按钮，拾取轮廓曲线中心的圆（方向为逆时针），的生成加工轨迹，如图5-89所示。

▶▶ 图5-88 接近返回设置

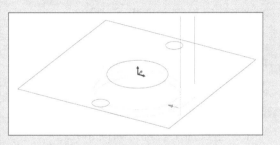

▶▶ 图5-89 侧壁（1）精加工轨迹

5）加工程序 5：侧壁（2）精加工——顶端 ϕ8 凸台侧壁加工

复制侧壁（1）精加工轨迹，将顶层高度改为 0，每层下降高度改为 5.5，轮廓曲线选取剩下的其中一个圆，生成加工轨迹，如图 5-90 所示。

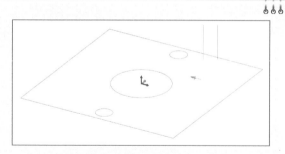

▶▶ 图 5-90　侧壁（2）精加工轨迹

6）加工程序 6：侧壁（3）精加工——底端 ϕ8 凸台侧壁加工

复制侧壁（2）精加工轨迹，轮廓曲线选取最后一个圆，生成加工轨迹，如图 5-91 所示。

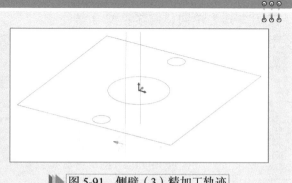

▶▶ 图 5-91　侧壁（3）精加工轨迹

7）加工程序 7：倒角加工

选择二轴加工→平面轮廓精加工，弹出平面轮廓精加工对话框。

设置 5 号刀具为 ϕ4 立铣刀（刀具列表中没有倒角刀），顶层高度为 0，底层高度为 -2.5（保证设置的刀具半径和下切深度之间的差为倒角大小），加工余量为 0，每层下降高度为 4（大于下切深度即可），走刀方式为单向，偏移类型为 TO，接近方式和返回方式为圆弧，单击确定按钮，选择轮廓曲线 ϕ8 圆的其中一个，生成加工轨迹，如图 5-92 所示。

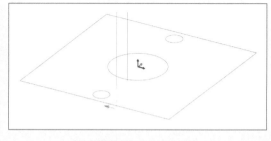

▶▶ 图 5-92　立柱倒角加工轨迹

CAXA 制造工程师 2016 应用教程

复制之前的倒角加工轨迹，更改顶层高度、底层高度，生成其他倒角加工轨迹，如图 5-93 所示。

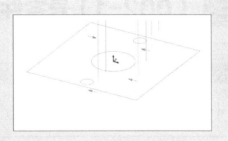

▶▶ 图 5-93 其他倒角加工轨迹

6. 实体仿真

选中所有加工轨迹文件，右击并选择实体仿真，结果如图 5-94 所示。

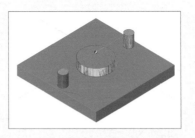

▶▶ 图 5-94 零件加工实体仿真结果

7. 刀路组合

选择轨迹编辑→轨迹连接，按照从上到下、先平面再侧壁的顺序选择精加工程序（只有使用相同刀具的程序才能连接），完成轨迹连接，如图 5-95 所示。

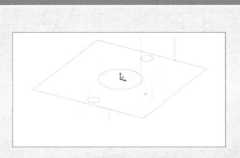

▶▶ 图 5-95 精加工轨迹连接

按照顺序选择倒角程序，完成轨迹连接如图 5-96 所示。

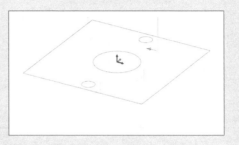

▶▶ 图 5-96 倒角轨迹连接

05

三、【002-1】号零件的加工

1. 零件图

【002-1】号零件图如图 5-97 所示。

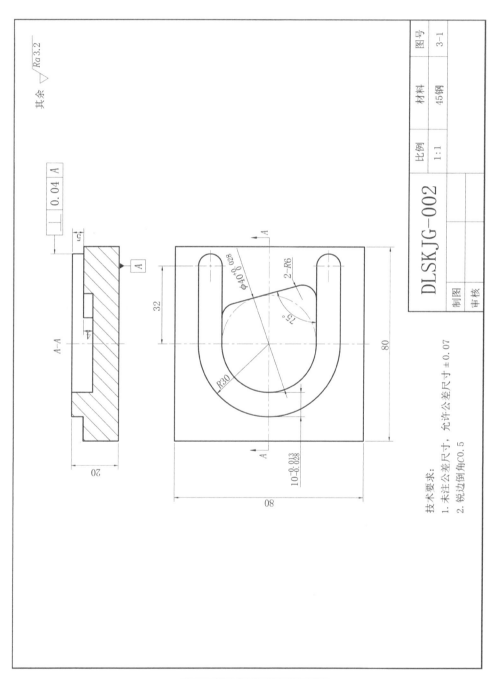

CAXA 制造工程师 2016 应用教程

▶▶ 图 5-97 【002-1】号零件图

技术要求：
1. 未注公差尺寸，允许公差尺寸 ±0.07
2. 锐边倒角C0.5

	图号	3-1
	材料	45钢
	比例	1:1

DLSKJG-002

制图
审核

2. 零件加工内容分析

加工内容分为 U 形凸台的加工、型腔的加工两部分。

其中，U 形凸台的高度为 5，小半径为 20，宽度为 10。

型腔的深度为 4，直径为 40，右侧有一条与圆相切的角度线，上下两端为 $R6$ 圆弧过渡。

3. 刀具选择

因为型腔右侧为 $R6$ 圆弧过渡，所以加工型腔时能选用的最大刀具直径为 12。刀具及用途见表 5-3。

表5-3　刀具及用途

刀 具	用 途
1号刀具	$\phi16$立铣刀（两刃粗加工），用来铣削外凸台轮廓
2号刀具	$\phi12$立铣刀（两刃粗加工），用于型腔粗加工
3号刀具	$\phi10$立铣刀（四刃精加工硬质合金），用于精加工
4号刀具	寻边器，其作用是建立工件坐标系，确定坐标原点
5号刀具	$\phi6$倒角刀

4. 零件的建模

【002-1】号零件的建模结果如图 5-98 所示。

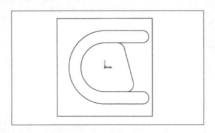

▶▶ 图 5-98 　【002-1】号零件的建模结果

5. 零件的加工

1）加工程序 1：U 形凸台的粗加工

选择二轴加工→平面区域粗加工，弹出平面区域粗加工对话框。

打开刀具参数选项卡，将 1 号刀具设为 $\phi16$ 立铣刀，如图 5-99 所示。

▶▶ 图 5-99　刀具参数设置

打开加工参数选项卡，选择走刀方式为从外向里，轮廓参数中的余量为 0.1，补偿为 PAST，岛参数中的余量为 0.1，补偿为 TO，加工参数中的顶层高度为 0，底层高度为 -4.9（留有 0.1 的余量），每层下降高度为 2，行距为 11，如图 5-100 所示。

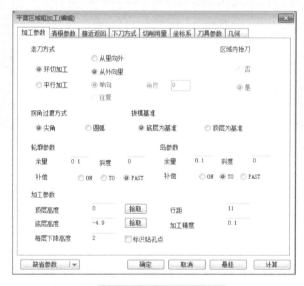

▶▶ 图 5-100　加工参数设置

打开清根参数选项卡，选择岛清根，清根余量为 0.1。

单击确定按钮，拾取轮廓曲线和岛屿曲线，生成加工轨迹，如图 5-101 所示。

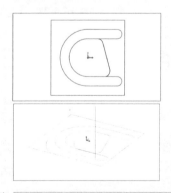

▶▶ 图 5-101　拾取曲线及生成轨迹

2）加工程序 2：型腔粗加工

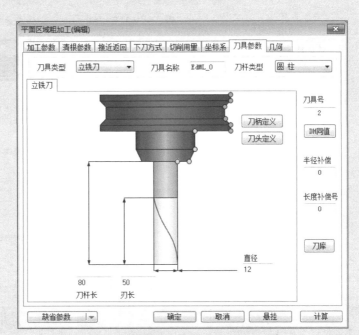

选择二轴加工→平面区域粗加工，弹出平面区域粗加工对话框。

打开刀具参数选项卡，将 2 号刀具设为 ϕ12 立铣刀，如图 5-102 所示。

▶▶ 图 5-102　刀具参数设置

打开加工参数选项卡，选择走刀方式为从里向外，轮廓参数中的余量为 0.1，补偿为 TO，加工参数中的顶层高度为 -4.9，底层高度为 -8.9，每层下降高度为 2，行距为 11，如图 5-103 所示。

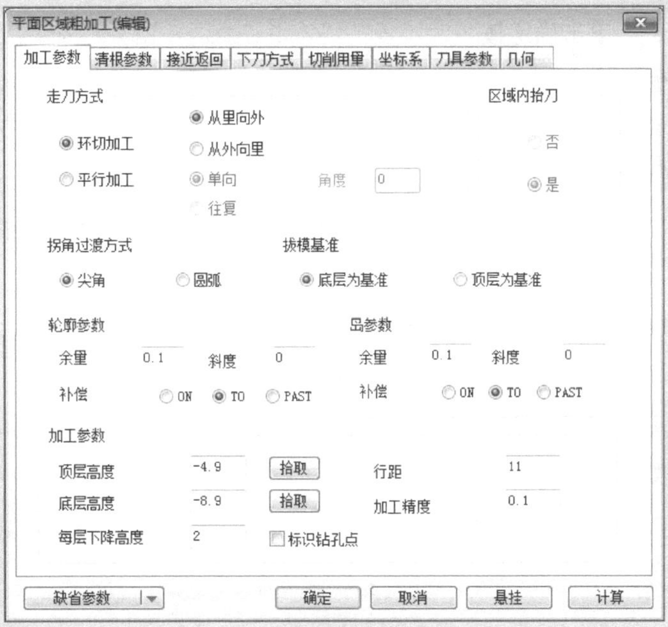

▶▶ 图 5-103　加工参数设置

课题五

零件加工

打开接近返回选项卡，接近方式和返回方式选择不设定，或者选择强制选取型腔圆心。

打开下刀方式选项卡，切入方式选择螺旋，半径为5，近似节距为5，如图 5-104 所示。

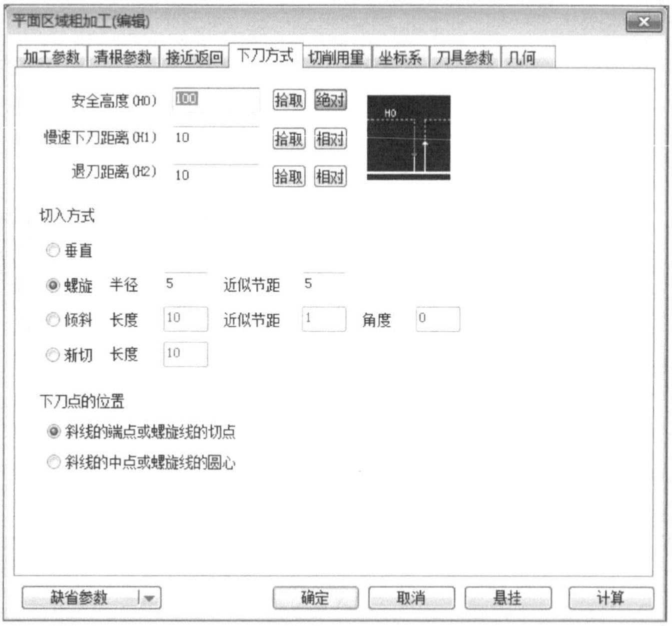

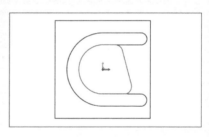

平面区域粗加工(编辑)

| 加工参数 | 清根参数 | 接近返回 | 下刀方式 | 切削用量 | 坐标系 | 刀具参数 | 几何 |

安全高度(H0)　100　拾取　绝对

慢速下刀距离(H1)　10　拾取　相对

退刀距离(H2)　10　拾取　相对

切入方式

○ 垂直

● 螺旋　半径　5　近似节距　5

○ 倾斜　长度　10　近似节距　1　角度　0

○ 渐切　长度　10

下刀点的位置

● 斜线的端点或螺旋线的切点

○ 斜线的中点或螺旋线的圆心

缺省参数 ▼　　确定　取消　悬挂　计算

▶▶ 图 5-104　下刀方式设置

单击确定按钮，拾取轮廓曲线，如图 5-105 所示。

▶▶ 图 5-105　拾取轮廓曲线

生成加工轨迹，如图 5-106 所示。

▶▶ 图 5-106　生成加工轨迹

3）加工程序 3：底端平面精加工

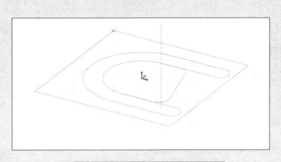

复制加工程序 1，修改刀具参数，将 3 号刀具设为 $\phi10$ 立铣刀，如图 5-107 所示。

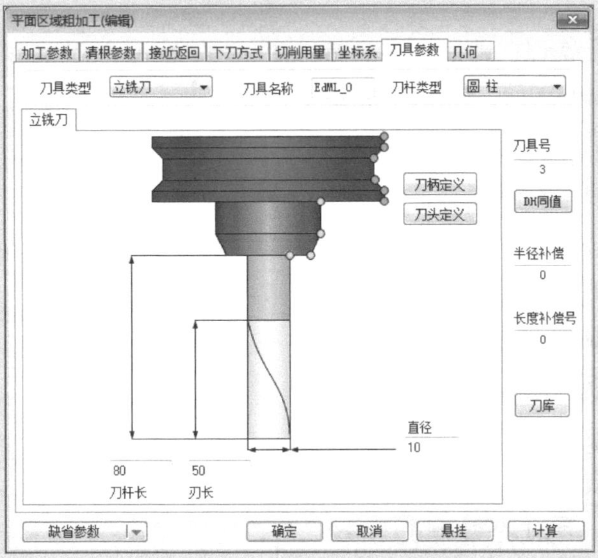

图 5-107　修改刀具参数

选择加工参数选项卡，设置顶层高度为 -4.9，底层高度为 -5，行距为 6。单击确定按钮完成修改，重新生成加工轨迹，如图 5-108 所示。

图 5-108　重新生成加工轨迹

4）加工程序 4：型腔底面精加工

复制加工程序 2，设置 3 号刀具为 $\phi10$ 立铣刀。

选择加工参数选项卡，设置顶层高度为 -8.9，底层高度为 -9，行距为 6。单击确定按钮完成修改，重新生成加工轨迹，如图 5-109 所示。

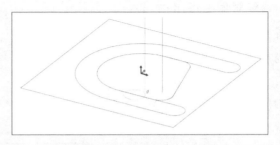

图 5-109　重新生成加工轨迹

5）加工程序 5：U 形凸台侧面精加工

选择二轴加工→平面轮廓精加工，弹出平面轮廓精加工对话框。打开刀具参数选项卡，将 3 号刀具设为 φ10 立铣刀。打开加工参数选项卡，设置顶层高度为 0，底层高度为 -5，每层下降高度为 5（一刀切），走刀方式为单向，偏移类型为 TO，加工余量为 0，如图 5-110 所示。

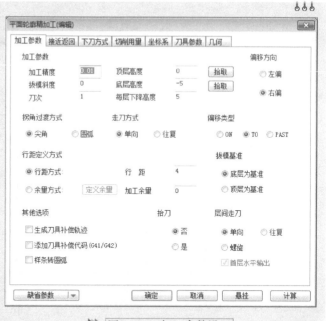

▶▶ 图 5-110　加工参数设置

打开接近返回选项卡，接近方式和返回方式改为圆弧，圆弧半径为 5。

单击确定按钮，拾取轮廓曲线，生成加工轨迹，如图 5-111 所示。

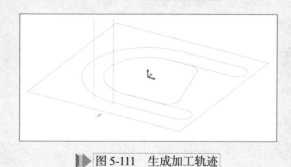

▶▶ 图 5-111　生成加工轨迹

6）加工程序 6：型腔侧面精加工

复制加工程序 5，设置顶层高度为 -5，底层高度为 -9，下切深度为 4，删除原有曲线，拾取型腔轮廓曲线。单击确定按钮完成修改，重新生成加工轨迹，如图 5-112 所示。

▶▶ 图 5-112　重新生成加工轨迹

7）加工程序7：凸台倒角加工

复制加工程序5，设置顶层高度为0，底层高度为-2.5，下切深度为3。 选择刀具参数选项卡，设置5号刀具为φ4立铣刀。 单击确定按钮完成修改，重新生成加工轨迹，如图5-113所示。

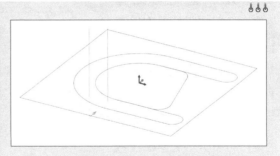

▶▶ 图5-113 凸台倒角加工轨迹

8）加工程序8：型腔倒角加工

复制加工程序6，设置顶层高度为-5，底层高度为-7.5，下切深度为3。 选择刀具参数选项卡，设置5号刀具为φ4立铣刀。 单击确定按钮完成修改，重新生成加工轨迹。 仔细观察加工轨迹，发现有一部分可能过切，如图5-114所示。

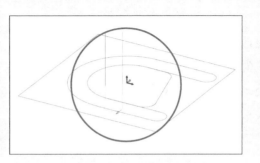

▶▶ 图5-114 型腔倒角加工轨迹

实体仿真结果如图5-115所示。

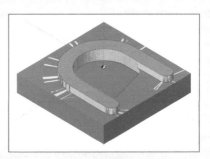

▶▶ 图5-115 实体仿真结果

经过实体仿真发现零件并没有明显错误。 这是因为倒角设定刀具和实际刀具不符。 实际加工中选用φ6的倒角刀，因为软件原因，这里设定刀具为φ4的立铣刀。

为了避免加工撞刀，根据实际情况有以下方法。

（1）这部分不加工，手动倒角。

（2）对轮廓曲线进行，让出略大于实际刀具半径的距离。

这里选用第二种方法，如图 5-116 所示。

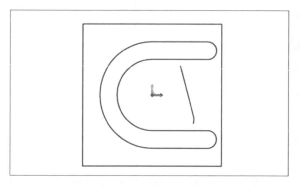

▶▶ 图 5-116　轮廓曲线调整

重新拾取轮廓曲线，更改接近方式和返回方式为不设定，生成加工轨迹，如图 5-117 所示。

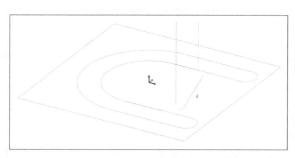

▶▶ 图 5-117　优化后的型腔倒角加工轨迹

9）加工程序 9：外轮廓倒角加工

复制加工程序 8，更改轮廓曲线，重新生成加工轨迹，如图 5-118 所示。

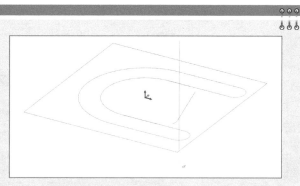

▶▶ 图 5-118　外轮廓倒角加工轨迹

6. 实体仿真

选中所有加工轨迹，进行实体仿真，结果如图 5-119 所示。

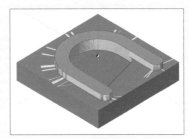

▶▶ 图 5-119　零件加工实体仿真结果

7. 刀路组合

选择轨迹编辑→轨迹连接，按照从上到下、先平面再侧壁的顺序选择精加工程序，完成轨迹连接，如图 5-120 所示。

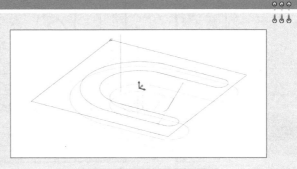

▶▶ 图 5-120　精加工轨迹连接

按照顺序选择倒角程序，完成轨迹连接，如图 5-121 所示。

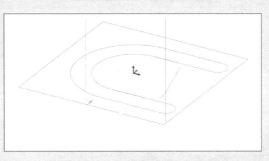

▶▶ 图 5-121　倒角轨迹连接

四、【002-2】号零件的加工

1. 零件图

【002-2】号零件图如图 5-122 所示。

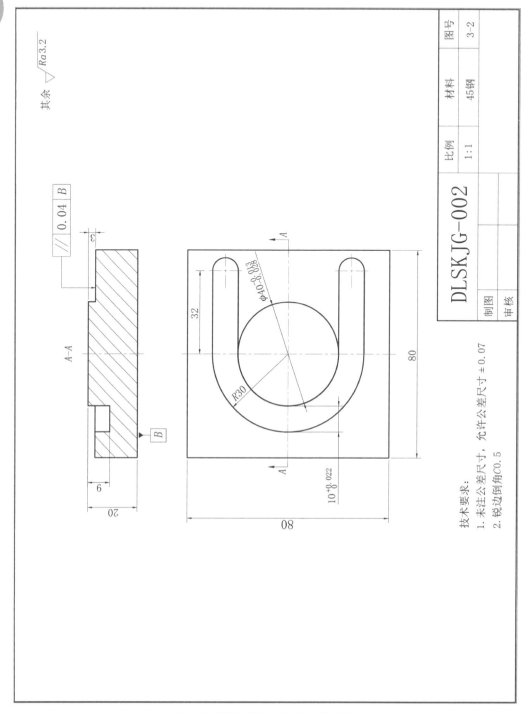

其余 ◁ Ra3.2

图号	3-2
材料	45钢
比例	1:1

DLSKJG-002

| 制图 | |
| 审核 | |

技术要求:
1. 未注公差尺寸，允许公差尺寸±0.07
2. 锐边倒角C0.5

▶▶ 图 5-122 【002-2】号零件图

2. 零件加工内容分析

加工内容分为凸台的加工、U 形槽的加工两部分。

其中，外凸台的直径为 40，高度为 3。

U 形槽的小半径为 20，槽宽为 10，深度为 6。

3. 刀具选择

因为 U 形槽的宽度为 10，所以选择的加工刀具直径不能大于 10。 刀具及用途见表 5-4。

表5-4　刀具及用途

刀　具	用　　途
1号刀具	ϕ16立铣刀（两刃粗加工），用来铣削凸台轮廓
2号刀具	ϕ12立铣刀（四刃精加工硬质合金），用于精加工
3号刀具	ϕ8立铣刀（两刃粗加工），用于U形槽的粗加工
4号刀具	ϕ8立铣刀（四刃精加工硬质合金），用于U形槽的精加工
5号刀具	寻边器，其作用是建立工件坐标系，确定坐标原点
6号刀具	ϕ6倒角刀

4. 零件的建模

【002-2】号零件的建模结果如图 5-123 所示。

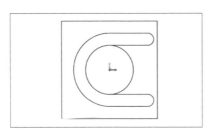

▶▶ 图 5-123　【002-2】号零件的建模结果

5. 零件的加工

1）加工程序1：凸台粗加工

选择二轴加工→平面区域粗加工，弹出平面区域粗加工对话框。选择刀具参数选项卡，设置1号刀具为φ16立铣刀，如图5-124所示。

▶▶ 图 5-124　刀具参数设置

选择加工参数选项卡，选择走刀方式为从外向里，轮廓参数中的余量为0.1，补偿为PAST，岛参数中的余量为0.1，补偿为TO，加工参数中的顶层高度为0，底层高度为-2.9（留有0.1的余量），每层下降高度为2，行距为11，如图5-125所示。

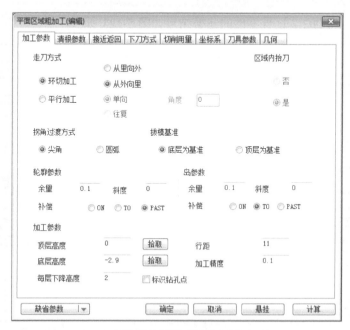

▶▶ 图 5-125　加工参数设置

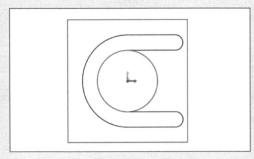

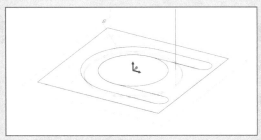

选择清根参数选项卡，选择岛清根，清根余量为0.1。

单击确定按钮，拾取轮廓曲线和岛屿曲线，生成加工轨迹，如图5-126所示。

▶▶ 图 5-126　拾取曲线及生成加工轨迹

2）加工程序 2：U 形槽粗加工

选择二轴加工→平面轮廓精加工，弹出相应的对话框。

选择刀具参数选项卡，设置3号刀具为 $\phi8$ 的立铣刀，如图5-127所示。

▶▶ 图 5-127　刀具参数设置

选择加工参数选项卡，设置顶层高度为-2.9，底层高度为-8.9，每层下降高度为1，偏移类型为TO，加工余量为0.1，抬刀为否，层间走刀为螺旋，如图5-128所示。

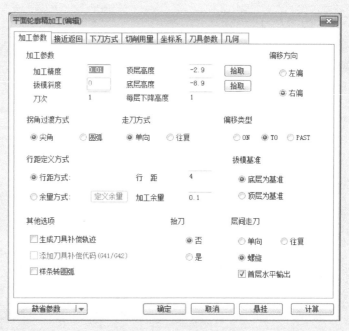

▶▶ 图 5-128 加工参数设置

打开下刀方式选项卡，选择倾斜。单击确定按钮，拾取轮廓曲线，如图5-129所示。

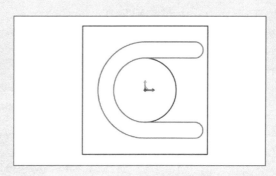

▶▶ 图 5-129 拾取轮廓曲线

生成加工轨迹，如图5-130所示。

▶▶ 图 5-130 生成加工轨迹

3）加工程序3：底部平面精加工

复制加工程序1，设置刀具参数，将2号刀具设为φ12立铣刀，如图5-131所示。

图 5-131　刀具参数设置

选择加工参数选项卡，设置顶层高度为-2.9，底层高度为-3，行距为8，生成加工轨迹，如图5-132所示。

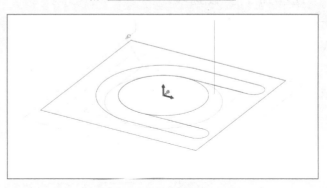

图 5-132　生成加工轨迹

4）加工程序4：U形槽底部平面精加工

复制加工程序2，设置刀具参数，将4号刀具设为φ8立铣刀，如图5-133所示。

图 5-133　刀具参数设置

选择加工参数选项卡，设置顶层高度为-8.9，底层高度为-9，层间走刀为单向。打开下刀方式选项卡，选择剪切。生成加工轨迹，如图 5-134 所示。

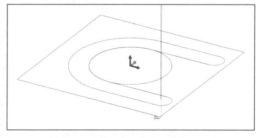

图 5-134　生成加工轨迹

5）加工程序 5：U 形槽侧面精加工

复制加工程序 4，设置加工参数，加工余量为 0。打开下刀方式选项卡，选择垂直。生成加工轨迹，如图 5-135 所示。

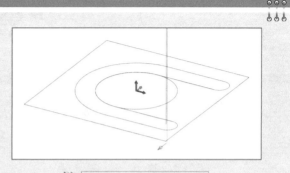

图 5-135　生成加工轨迹

6）加工程序 6：凸台侧面精加工

复制加工程序 5，设置加工参数，顶层高度为 -2.9，底层高度为 -3。选择接近返回选项卡，将接近方式和返回方式设为圆弧，圆弧半径为 4，重新拾取轮廓曲线为中心 ϕ20 圆。生成加工轨迹，如图 5-136 所示。

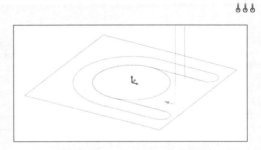

▶▶ 图 5-136 生成加工轨迹

7）加工程序 7：凸台倒角加工

复制加工程序 6，选择加工参数选项卡，设置顶层高度为 0，底层高度为 -2.5。选择刀具参数选项卡，设置 6 号刀具为 ϕ4 立铣刀。生成加工轨迹，如图 5-137 所示。

▶▶ 图 5-137 生成加工轨迹

8）加工程序 8：U 形槽倒角加工

调整轮廓曲线，由于选用 ϕ6 倒角刀，因此要让出一定距离以预防干涉，如图 5-138 所示。

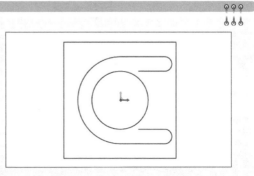

▶▶ 图 5-138 调整轮廓曲线

复制加工程序 7，选择加工参数选项卡，设置顶层高度为 -3，底层高度为 -5.5。选择几何选项卡，重新选取轮廓曲线。生成加工轨迹，如图 5-139 所示。

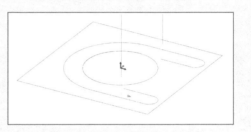

▶▶ 图 5-139 生成加工轨迹

9）加工程序9：外轮廓倒角加工

复制加工程序8，选择几何选项卡，重新选取轮廓曲线。生成加工轨迹，如图5-140所示。

▶▶ 图5-140　生成加工轨迹

6. 实体仿真

选中所有加工轨迹去，进行实体仿真，结果如图5-141所示。

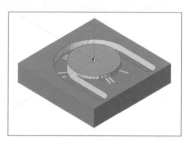

▶▶ 图5-141　实体仿真结果

7. 刀路组合

选择轨迹编辑→轨迹连接，按照顺序选择精加工程序，完成轨迹连接，如图5-142所示。

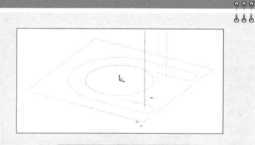

▶▶ 图5-142　精加工轨迹连接

按照顺序选择倒角程序，完成轨迹连接，如图5-143所示。

▶▶ 图5-143　倒角加工轨迹连接

五、肥皂盒的加工

1. 零件图

肥皂盒零件图如图 5-144 所示。

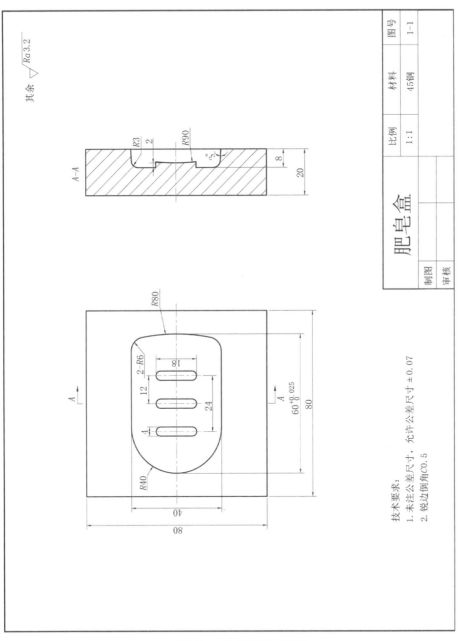

2. 零件加工内容分析

加工内容分为型腔的加工、三个凸台的加工两部分。

其中，型腔尺寸为 $60 \times 40 \times 8$，两端分别有 R40 和 R6 圆弧过渡，底部为平面，四周有 R3 圆弧过渡，侧面有 3° 的拔模斜度。因为底部有 R3 圆弧过渡，所以选择 $\phi 6R1$ 圆角铣刀。

凸台为 18×4 的矩形，四周为 R2 圆弧过渡，顶面为 R90 曲面，曲面底部的高度为 2，经过测量可知曲面最高处的高度约为 3.5。

3. 零件的建模

观察零件图发现此零件包含大量曲面。在 CAXA 制造工程师 2016 中，通常选取所要加工的曲面进行加工轨迹生成。可以进行曲面的建模或者实体的建模，然后在实体模型上提取所要加工的曲面。这里选用实体建模的方法。

在实体建模中需要注意，实体模型的坐标系要与实际加工的坐标系相同。观察零件图，将工件坐标系建立在毛坯上表面的中心，如图 5-145 所示。

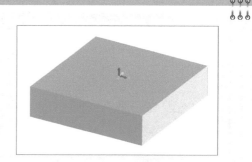

▶▶ 图 5-145 坐标系确定

在模型上表面创建草图并画出型腔外轮廓。选择拉伸除料，深度为 8，勾选增加拔模斜度，角度为 3，单击确定按钮，完成除料，如图 5-146 所示。

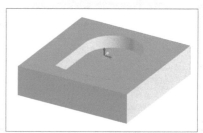

▶▶ 图 5-146 完成拉伸除料参数及完成除料

在型腔的下表面创建草图并
画出凸台的外轮廓。采用拉伸增
料，拉伸高度为 4 （高出凸台即
可），如图 5-147 所示。

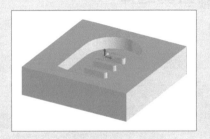

▶▶ 图 5-147　拉伸增料

选择凸台最边缘的面创建草
图，画出底面为曲线的草图，如
图 5-148 所示。

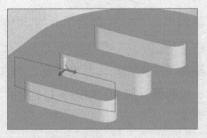

▶▶ 图 5-148　画出底面为曲线的草图

采用拉伸除料完成凸台上表
面曲面建模，如图 5-149 所示。

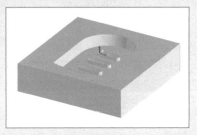

▶▶ 图 5-149　凸台上表面曲面建模

按照零件图完成其余部分的
倒角及圆弧过渡，完成肥皂盒实
体建模，如图 5-150 所示。

▶▶ 图 5-150　完成肥皂盒实体建模

4. 刀具选择

刀具及用途见表 5-5。

表5-5　刀具及用途

刀　具	用　途
1号刀具	$\phi8$立铣刀（两刃粗加工），用于铣削凸台轮廓
2号刀具	$\phi6$立铣刀（两刃粗加工），用于铣削凸台轮廓
3号刀具	$\phi6$立铣刀（四刃精加工硬质合金），用于凸台侧面与型腔底面精加工
4号刀具	$\phi6R1$圆角铣刀（两刃精加工硬质合金），用于型腔侧面精加工
5号刀具	$\phi6$球头铣刀（四刃精加工硬质合金），用于凸台顶面精加工
6号刀具	寻边器，其作用是建立工件坐标系，确定坐标原点
7号刀具	$\phi6$倒角刀

5. 零件的加工

三轴加工是 CAXA 制造工程师 2016 软件中的加工工具之一，用于生成曲面的加工轨迹。

三轴加工中的常用工具有等高线粗加工、等高线精加工、扫描线精加工、三维偏置加工、轮廓偏置加工，如图 5-151 所示。

等高线粗加工　等高线精加工　扫描线精加工　三维偏置加工　轮廓偏置加工

▶▶ 图 5-151　三轴加工中的常用工具

1）加工程序 1：型腔粗加工

选择曲面→实体表面→拾取表面，提取型腔内所有曲面，如图 5-152 所示。

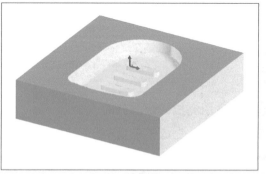

▶▶ 图 5-152　提取型腔内所有曲面

选择曲线→相
关线→实体边界,
提取型腔外轮廓,
如图 5-153 所示。

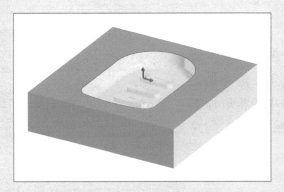

▶▶ 图 5-153 提取型腔外轮廓

选择三轴加
工中的等高线粗加
工,弹出等高线粗
加工对话框。

选择刀具参数
选项卡,设置 1 号
刀具为 $\phi8$ 立铣刀,
如图 5-154 所示。

▶▶ 图 5-154 刀具参数设置

选择加工参数
选项卡,设置加工
方式为往复,最大
行距为 5,期望行距
为 5,层高为 0.5,
加工余量为 0.2,勾
选使用毛坯,如图
5-155 所示。

▶▶ 图 5-155 加工参数设置

选择区域参数选项卡，选择加工边界中的拾取加工边界，如图 5-156 所示。

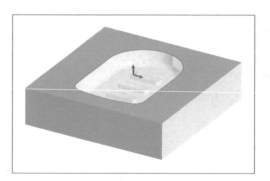

▶▶ 图 5-156　拾取加工边界

单击确定按钮，拾取加工曲面，如图 5-157 所示。

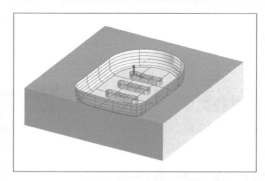

▶▶ 图 5-157　拾取加工曲面

生成加工轨迹，如图 5-158 所示。

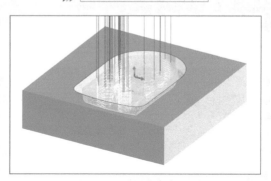

▶▶ 图 5-158　生成加工轨迹

选中加工轨迹并进行实体仿真，结果如图 5-159 所示。

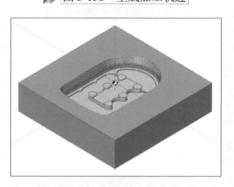

▶▶ 图 5-159　粗加工实体仿真结果

由于一些过窄的缝隙未能加工到，所以要进行第二次粗加工。 这次粗加工选用直径更小的铣刀，针对之前没有加工到的位置进行加工。

2）加工程序 2：型腔二次粗加工

选择曲线→相关线→实体边界，提取型腔外轮廓，如图 5-160 所示。

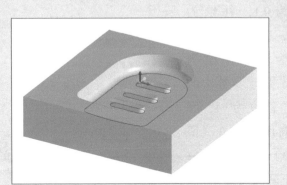

▶▶ 图 5-160 提取型腔外轮廓

选择二轴加工→平面区域粗加工，弹出平面区域粗加工对话框。

选择刀具参数选项卡，设置 2 号刀具为 $\phi 6$ 立铣刀，如图 5-161 所示。

▶▶ 图 5-161 刀具参数设置

选择加工参数选项卡，设置走刀方式为从外向里，轮廓参数中的余量为 0.1，补偿为 TO，岛参数中的余量为 0.1，补偿为 TO，加工参数中的顶层高度为 -4，底层高度为 -7.9（留有 0.1 的余量），每层下降高度为 2，行距为 4，如图 5-162 所示。

图 5-162　加工参数设置

选择清根参数选项卡，选择岛清根，清根余量为 0.1。

单击确定按钮，拾取轮廓曲线和岛屿曲线，如图 5-163 所示。

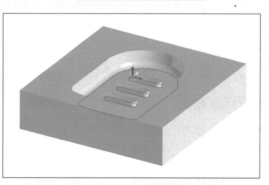

图 5-163　拾取轮廓曲线和岛屿曲线

生成加工轨迹，如图 5-164 所示。

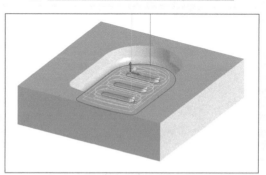

图 5-164　生成加工轨迹

3）加工程序 3：型腔底面精加工

复制加工程序 2，更改加工参数，顶层高度为 -7.9，底层高度为 -8。 更改刀具参数，设置 3 号刀具为 φ6 立铣刀，如图 5-165 所示。

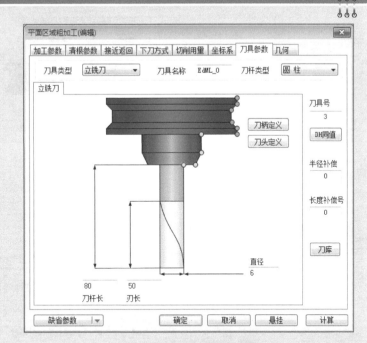

▶▶ 图 5-165　刀具参数设置

生成加工轨迹，如图 5-166 所示。

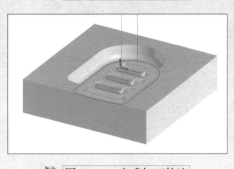

▶▶ 图 5-166　生成加工轨迹

4）加工程序 4：凸台上表面精加工

提 取 凸 台 上表面及轮廓，如图5-167 所示。

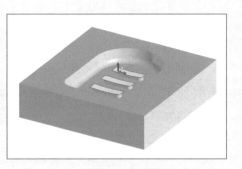

▶▶ 图 5-167　提取凸台上表面及轮廓

选择三轴加工中的扫描线精加工，弹出扫描线精加工对话框。

选择刀具参数选项卡，设置 5 号刀具为 φ6 球头铣刀，如图 5-168 所示。

▶▶ 图 5-168　刀具参数设置

选择加工参数选项卡，选择加工方式为往复，加工余量为 0，最大行距为 0.1，如图 5-169 所示。

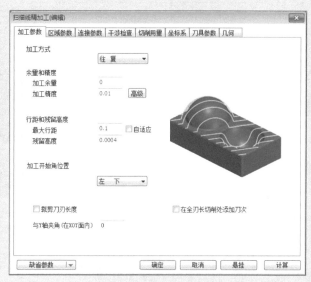

▶▶ 图 5-169　加工参数设置

选择区域参数选项卡，设置加工边界中的拾取加工边界，如图 5-170 所示。

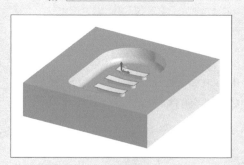

▶▶ 图 5-170　拾取加工边界

单击确定按钮，拾取加工曲面，如图5-171 所示。

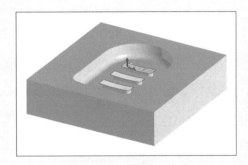

▶▶ 图 5-171　拾取加工曲面

生成加工轨迹，如图 5-172 所示。

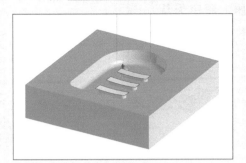

▶▶ 图 5-172　生成加工轨迹

按照以上操作生成其他两个凸台的加工轨迹。

5）加工程序 5：型腔侧面精加工

选择三轴加工中的等高线精加工，弹出等高线精加工对话框。

选择刀具参数选项卡，设置 4 号刀具为 $\phi6R1$ 圆角铣刀，如图 5-173 所示。

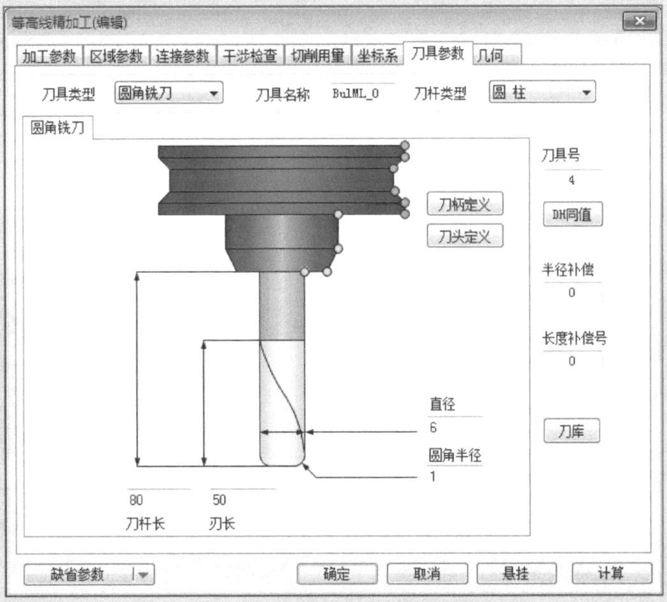

等高线精加工(编辑)

| 加工参数 | 区域参数 | 连接参数 | 干涉检查 | 切削用量 | 坐标系 | 刀具参数 | 几何 |

刀具类型　圆角铣刀　刀具名称　BulML_0　刀杆类型　圆柱

圆角铣刀

刀柄定义
刀头定义

刀具号
4

DH同值

半径补偿
0

长度补偿号
0

直径
6

圆角半径
1

刀库

80　　50
刀杆长　刃长

缺省参数　｜▼　　　确定　取消　悬挂　计算

▶▶ 图 5-173　刀具参数设置

选择加工参数选项卡，设置加工方式为螺旋，加工余量为 0，层高为 0.1，加工顺序为从上向下，如图 5-174 所示。

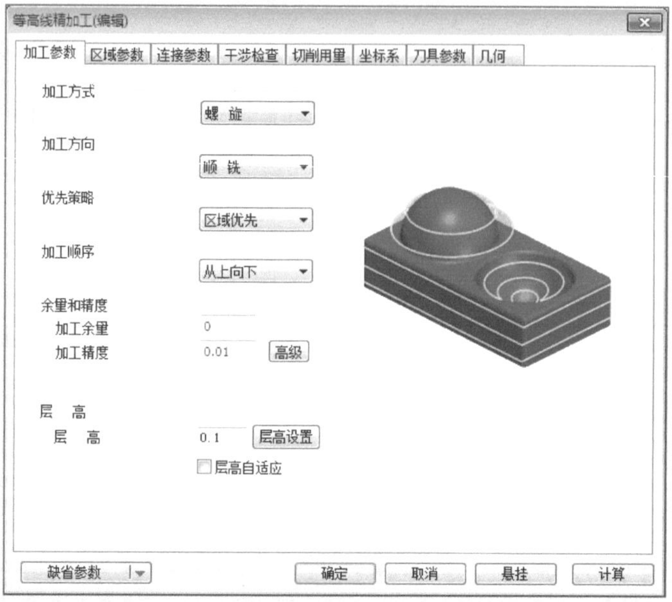

等高线精加工(编辑)

加工参数 | 区域参数 | 连接参数 | 干涉检查 | 切削用量 | 坐标系 | 刀具参数 | 几何

加工方式　　　　　螺旋

加工方向　　　　　顺铣

优先策略　　　　　区域优先

加工顺序　　　　　从上向下

余量和精度
　加工余量　　　　0
　加工精度　　　　0.01　　高级

层高
　层高　　　　　　0.1　　层高设置
　☐层高自适应

缺省参数　　　　　　　确定　　取消　　悬挂　　计算

▶▶ 图 5-174　加工参数设置

选择区域参数选项卡，选择加工边界中的拾取加工边界，如图 5-175 所示。

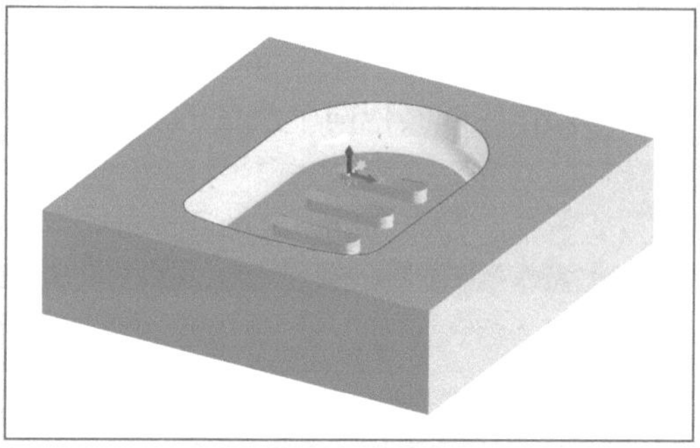

▶▶ 图 5-175　拾取加工边界

单击确定按钮，拾取加工曲面，如图 5-176 所示。

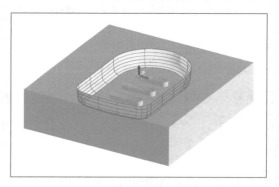

▶▶ 图 5-176　拾取加工曲面

生成加工轨迹,
如图 5-177 所示。

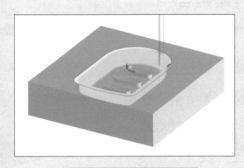

图 5-177　生成加工轨迹

6）加工程序 6：凸台侧面精加工

　　选择二轴加工→平面轮廓精加工,
弹出平面轮廓精加工对话框。

　　选择刀具参数选项卡,设置 3 号刀
具为 $\phi6$ 立铣刀。选择加工参数选项卡,
设置顶层高度为 -5.5,底层高度为 -8,
每层下降高度为 3,加工余量为 0。选
择接近返回选项卡,设置接近方式和返
回方式为圆弧,圆弧半径为 1。单击确
定按钮,拾取轮廓曲线,生成的加工轨
迹如图 5-178 所示。

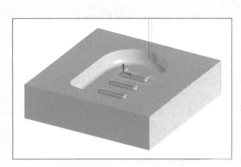

图 5-178　加工轨迹

　　按照以上操作生成其他两个凸台的刀具轨迹。

6. 实体仿真

　　选中所有加工轨迹并进行实体仿真,结
果如图 5-179 所示。

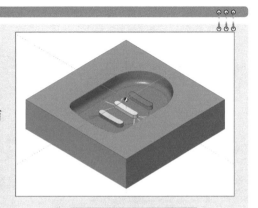

图 5-179　实体仿真结果

7. 刀路组合

选择轨迹编辑→轨迹连接，选择凸台上表面精加工程序，完成轨迹连接，如图 5-180 所示。

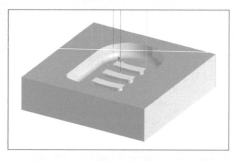

▶▶ 图 5-180 凸台上表面精加工轨迹连接

选择凸台侧面精加工程序，完成轨迹连接，如图 5-181 所示。

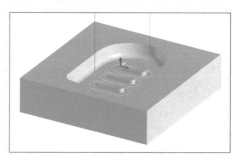

▶▶ 图 5-181 凸台侧面精加工轨迹连接

 练一练

编写以下零件的加工程序。

（1）【003-1】号零件图如图 5-182 所示。

CAXA 制造工程师 2016 应用教程

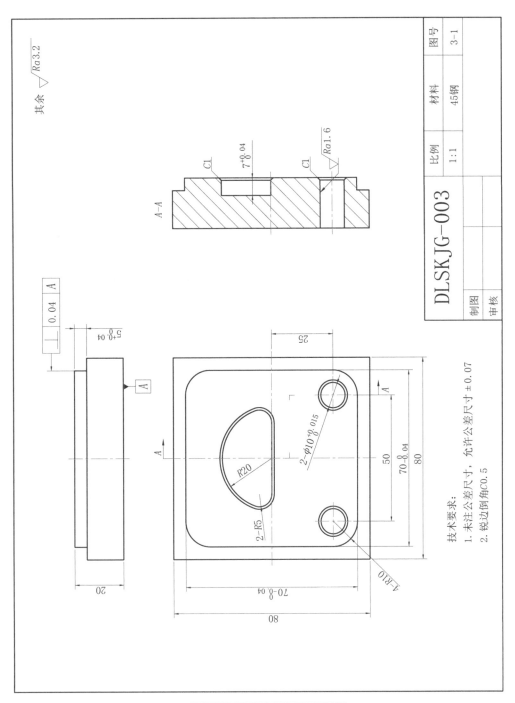

其余 $\sqrt{Ra3.2}$

A-A

C1
$7^{+0.04}_{0}$
C1
$\sqrt{Ra1.6}$

	比例	材料	图号
DLSKJG-003	1:1	45钢	3-1
制图			
审核			

$\perp$ | 0.04 | A

$5^{+0.04}_{0}$

A

A

25

$2-\varnothing10^{+0.015}_{0}$

R20

2-R5

50

$70^{0}_{-0.04}$

80

4-R10

20

$70^{0}_{-0.04}$

80

技术要求:
1. 未注公差尺寸,允许公差尺寸 ±0.07
2. 锐边倒角C0.5

▶▶ 图 5-182 【003-1】号零件图

（2）【003-2】号零件图如图 5-183 所示。

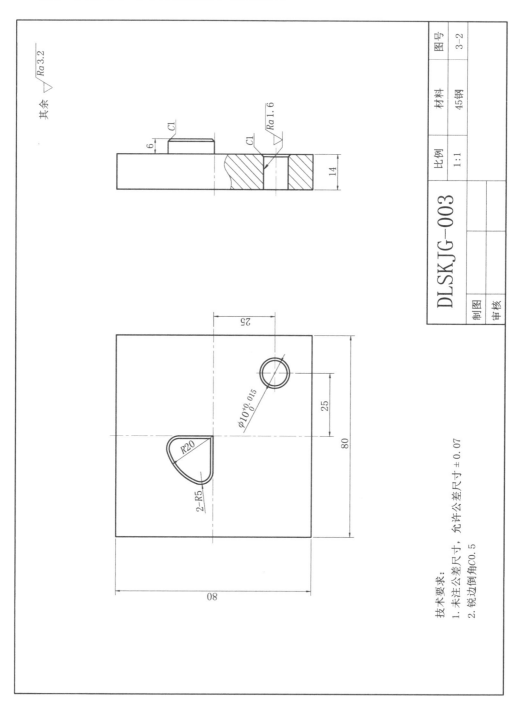

图 5-183　【003-2】号零件图

（3）【004-1】号零件图如图 5-184 所示。

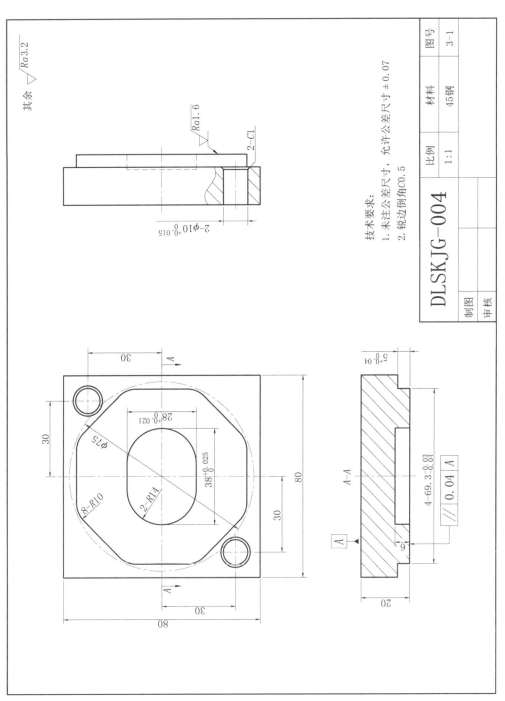

图 5-184　【004-1】号零件图

（4）【004-2】号零件图如图 5-185 所示。

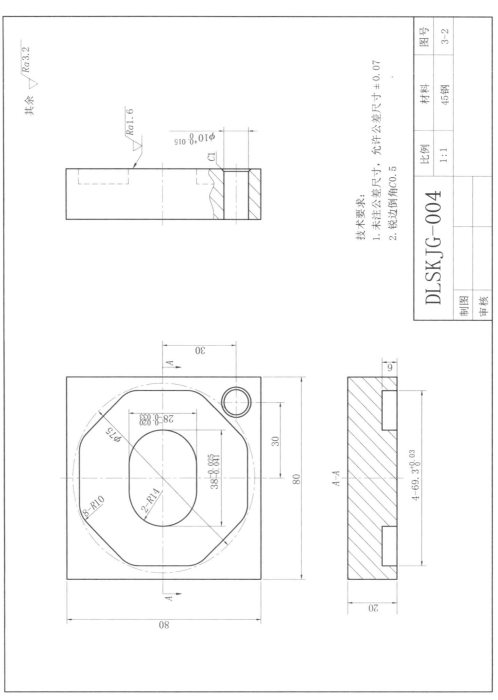

▶▶ 图 5-185　【004-2】号零件图